物理学者、SF映画にハマる

「時間」と「宇宙」を巡る考察

高水裕一

光文社新書

はじめに

本書は、SF作品、とくに時間や宇宙に関するテーマを扱う映画やドラマなどを科学的に考察してみようという試みです。文字通り、SFはサイエンス・フィクションなので、「フィクションです」と言われればそれまでです。おそらくこのテーマで書籍を作ってほしいと専門の大学の先生にお願いしたら、10人中9人は、お断りしてしまう依頼ではないかと思います。まじめに論じても意味がない部分も多いですし、SF作品を科学的に考察すること自体が、そもそもナンセンスだと思ってしまうからです。私は、この無理難題を引き受けた1人ということで、まずここで本書が目指すべきことを先にいっておきたいと思います。

まず真っ向から「科学的に無理です」と言い切っても、何も生産性がないので、まじめに科学的に論じるのとは、少し違った立場をとりたいと思います。それは、その作品で扱われているテーマをきっかけとして、科学的にはどういう風に考えられているかとか、科学者の目線で好意的に作品を解釈するとどうなるかといったことを、個人的に論じていってみようということです。作品から離れる部分も多々出てきます。もちろん私は、映画製作の専門家でもなければ、映画評論家でもありません。あくまで科学的な目線で見たとき、SF作品をきっかけに何か科学に関して語れるところがあるのではないかということです。

映画などによって映像化されることの魅力や、一般の人々への影響はかなり大きいと思います。SF作品は、ある意味、科学的なテーマをヒントに架空の世界を演出しているので、そのテーマの科学を語る上では、絶好の教材にもなるといえます。作品を通して今まで全く知らなかった科学の世界を知るという体験もできるはずです。その一端をお手伝いできるのではないかと筆を走らせました。もちろん、何度もいうように、SF作品の世界と科学的世界を完全に突き合わせてしまうと、無理がありすぎるので、要所要所でそこは目をつむっていただければと思います。ときに映画好きのただのコメントも混じっていますが、個人的感想と思って読み進めてください。

私自身は、宇宙論を専門としていますが、科学全般にわたる知識が不十分な部分も多いかと思いますし、科学的に説明をちゃんとするには紙面が足りないという現状もあります。ですから、あくまでこの本は、ＳＦ作品で扱われているテーマを科学で考える最初のきっかけ程度にしてもらいたいです。興味と忍耐があれば、より詳しい科学的な解説本を手に取って読んでいただければと思っています。作品の世界や設定を受け入れて、その上で少し科学的に考察を深めてみましょう、そういった立場の本だと思ってください。

少し消極的な書き出しになりましたが、はじめにの最後に、映画の持つ想像性の素晴らしさについて触れておきます。

映画『スター・ウォーズ』では、太陽が2つあるタトゥイーンという惑星が登場します。現在の天文学では、このように太陽が複数ある天体があるという事実は知られていますが、もちろん映画製作の当時は知られていません。つまり、人間の想像力というのは実に壮大で、ときに映画で描かれている世界が現実の科学世界のなかで発見されるようなケースもあるのです。映画だから、フィクションだからといって切り離すものではなく、想像力はときに侮れないものなのです。映画の世界から何かとんでもない科学的着想がひらめき、未来の科学を導く、そんな夢のようなことだって起こらないとは言い切れません。

それでは、そんな想像力の世界に科学的視点を加えた本書をぜひ、読んでいってください。

物理学者、ＳＦ映画にハマる

目次

はじめに……3

第1部　「時間」を巡る……15

第1章　タイムトラベルの可能性と限界……17

『バック・トゥ・ザ・フューチャー』シリーズ
映画に見る未来／タイムトラベルにも種類がある／理論的には可能なタイムトラベル／ワームホールを通過するには／エントロピー増大の法則／未来人の存在が意味すること／タイムトラベルに必要なエネルギー／生身で飛ぶか、乗り物とともに飛ぶか／思い通りの過去に行ける可能性／過去を変えることはできるのか／親殺しのパラドックス／過去の改変を知覚するには／タイムトラベルを見守った人のその後／何度も同じ過去に戻ると自分は増えるのか？／空飛ぶ車が実現するために

第2章
過去に戻った捜査官に自由意志はあるのか……………54
『デジャヴ』

もっともリアルなタイムトラベル／過去を見る技術／消化不良な〝結末〟／タイムトラベルは人体に全く影響がないのか？／未来が変わるタイミング／タイムトラベラーの自由意志／縛られるダグの行動／タイトルをきれいに回収／ダグは何回目のタイムトラベラーなのか

第3章
「逆行」という新しいタイムトラベル……………74
『TENET』
時間を逆行する／相棒の名前の由来／一般的なタイムトラベル／時間を逆行するとは／逆再生を認識できるか／どうしても気になってしまった設定

第4章
殺人マシンは5次元世界を旅してきたか……………86
『ターミネーター』シリーズ
機械と人間、どっちが容易？／ワープ先の年代を知る現実的な方法／タイムトラベルの裏技

第5章 限りなく時が止まった世界を体感するには？……96
『HEROES』
全てが「止まる」世界の可能性／疑似的な時間停止はできるけれども……／物理学者の気になること／ホーキング博士のタイムトラベラー実験

第2部 「宇宙」を巡る……107

第6章 宇宙に投げ出されたときの最後の移動手段……109
『ゼロ・グラビティ』
宇宙でどう過ごすか／国際宇宙ステーションは無重力？／地表の0・0000001%／助かりたければ、持ち物を捨てよ／宇宙でハンドスピナーを回すと

第7章 〝ファミコン〟で目指した月面着陸……121
『ファースト・マン』

宇宙飛行士になるということ／ファミコンで宇宙へ⁉／燃料タンクを切り離す理由／ランデブー方式のメリット／最大の難関、ドッキング／ジェミニからアポロへ／月から見える夜空と太陽

第8章
火星で植物を栽培するもう1つの理由……134
『オデッセイ』

他の惑星の暦／静止画のみで円滑な会話を／火星で酸素を確保する／移動か？　暖房か？／人工重力を作り出すには／取り残された男の救出作戦／火星の夕日／他の太陽系惑星を舞台にした作品

第9章
論文にもなったブラックホールのリアルな姿……149
『インターステラー』
銀河と銀河の距離／ワームホールを通過できるか／7年近い時間のずれが起こるには／地球との通信／再びあの男が取り残されていた／ブラックホール内部への宇宙旅行／『インターステラー』から眺める高次元の世界

第10章 星間飛行に必須のアプリケーション……166
『スター・ウォーズ』シリーズ
宇宙を巻き込む家族／銀河系を支配するとは／星間飛行を科学的に考えてみる／スリープ技術の必要性／量子テレポーテーション／星間飛行に必須のアプリ

第11章 宇宙人と交流するならマスクを忘れずに……181
『メッセージ』
マスクは必須です／宇宙人と生身で交流するには／テレパシーに必要なもの／非線形の言語？／宇宙人の妥当な目的

第12章 「宇宙人の視力」と「恒星」の密接な関係……192
『V』
巧妙な侵略計画／想像される見た目／宇宙人から見える世界／進んだ科学技術と地球侵略のゆくえ／生命の可能性／オカルトと大槻先生

おわりに……211

本書はネタバレを含みますので、最初に各作品のご視聴をお勧めします。また、各作品の販売価格等は２０２１年８月時点の情報です。

第1部
「時間」を巡る

第1部では、時間移動を題材にした5つのＳＦ作品を取り上げて、その背景の物理についてお話しします。

ＳＦ作品のタイムトラベルは、もちろんフィクションの要素が強いですが、あらためて現実的に考えてみると、いろいろな疑問がわいてくるはずです。例えば、タイムマシンのメカニズムとはどのようなものでしょうか。よくＳＦに登場する、同じ場所の過去に移動することをリアルに考えるとどうなるのでしょうか。またタイムトラベルによる歴史の改変は可能なのかということも、皆さんがよく抱く大きな疑問の1つではないでしょうか。

そういった疑問に、宇宙論、相対性理論（相対論）、そして量子力学の観点から迫ってみましょう。これらの疑問には、全てきちんとした答えがあるわけではありませんが、一部はフィクションを超えて実現の可能性が残されているようなものもあります。今ある物理の知識をもとに、想像の世界を少しでもリアルに考えることは、ＳＦ作品を見るときの新しい視点を生むはずです。

第１章

タイムトラベルの可能性と限界

『バック・トゥ・ザ・フューチャー』シリーズ

『バック・トゥ・ザ・フューチャー』
Blu-ray：2,075 円（税込）／DVD：1,572 円（税込）、発売元：NBC ユニバーサル・エンターテイメント

映画に見る未来

タイムトラベルの代表的ＳＦ作品といえば、『バック・トゥ・ザ・フューチャー』ではないでしょうか。１９８５年にＰＡＲＴ１が公開され、社会現象となるほどのブームを巻き起こし、最終的にＰＡＲＴ３まで作られた名作です。監督は、ロバート・ゼメキスです。今では、少し古い映画になると思いますが、今見ても色褪《あ》せない魅力があります。とくに、私は未来に移動するＰＡＲＴ２が大のお気に入りです。

大きく分けて、主人公のマーティは過去と未来にタイムトラベルします。

ＰＡＲＴ１では、１９５０年代の世界で父親と母親が青春時代を過ごしているところに迷い込み、ＰＡＲＴ３ではさらに古い西部の開拓時代に向かいます。そしてＰＡＲＴ２では、主人公の子どもが活躍している未来に移動します。

このPART2が私にとって、もっとも面白い理由の1つは、描かれている未来の細かい演出が好きだからです。空飛ぶ車や変わった服装の未来人、映画の立体AR広告など、ストーリーとは直接関係ない画面に映る細かい描写がにくいのです。

例えば、主人公が未来の世界で自分の息子に成りすますために、特殊なジャケットを着ていくシーンがあります。一見すると、サイズが大きいダブダブな服ですが、着ると自動でサイズ調整がされるのです。いかにも便利な未来の服装ですよね。未来の靴も同じように、自動で音声が流れ、サイズをピッタリと合わせて履くことができるようです。「こんな未来の世界があったらいいなぁ」というものを、映像の世界に再現した本作品は、このような細かい演出が見るものの夢を膨らませてワクワクさせるのです。

さらに、服装もばっちり未来人と同じものを備えたところで、いざ未来の街で人探しに出かけようとすると、相棒のドク博士が止めます。「未来では、ポケットの中身のベロは出すのがはやりなんじゃ」。そんなヘンテコな習慣が、未来では流行になっているとは、なかなか面白い演出ですね。ファッションの流行というのは、時代が変わるといかにもおかしく見えるものですから、ある意味それを映画的に面白く取り入れているのかもしれません。

またこの３作品を通して面白いのは、時代が変わっても、同じようなキャラクターが同じようなシーンを繰り広げているという点です。

不良のビフとその仲間が現れ、主人公に絡んで、「おいチキン野郎」とあおって乱闘になるというお決まりのシーンもその１つです。過去であっても、未来のカフェであっても、西部時代の酒場であっても、全く同じ様子を眺めることで「こいつらはいつの時代も変わってないなぁ」と、逆に時代が変化していることをやんわりと観客に印象付けているといえます。それに、ただでさえ全てが未知である未来の世界を見せられるのですから、これほど安心して見ていられるシーンはありません。

それゆえ、逆に身に着けているものや街並みなどの背景は、時代がいかに変化しているか、その違いを強烈に意識させてくれます。映画のパンフレットでは、ＰＡＲＴ１からＰＡＲＴ３にかけて表紙の登場人物が１人から３人にまで増えていきますが、それぞれの登場人物のポーズはどの表紙でも同じポーズである一方で、服装は時代にあわせて変化していきます。実に時代の対比を、３作品を通してうまく表現しているといえますね。ちなみに、ＰＡＲＴ２で登場する未来は２０１５年の設定なので、私たちからしたらすでに過去になってしまっていますね。

タイムトラベルにも種類がある

この『バック・トゥ・ザ・フューチャー』で登場するタイムマシンが、「デロリアン」という車です。この車に乗って、行きたい時刻をセットすると、その時刻の同じ場所に移動できる設定になっています。

映画はＰＡＲＴ１からＰＡＲＴ３まで、それぞれタイムトラベルの描写が異なります。ＰＡＲＴ１では、デロリアンが一定の速度に達するまで加速して走行することで、時間を移動します。ＰＡＲＴ２では、未来の車としてデロリアンが登場し、空中を飛んで加速走行をします。最後のＰＡＲＴ３では、西部時代ということで、デロリアンを加速させるために、蒸気機関車で車を後押しすることで速度を稼いでいます。

いずれのタイムトラベルでも重要なのは目標速度に達することのようで、その速度に達したら、デロリアンで設定した異なる時刻の同じ場所に一瞬で移動できるようです。ＰＡＲＴ３では、目標速度に達する場所は、西部時代には線路がまだ建設されておらず崖になっています。しかし移動先の未来（主人公から見ると現在）では、きちんと崖に橋がかかり、続きの線路が存在しているので、落下せずに済むということになっています。

ここで、デロリアンのタイムトラベルを題材に、科学的なことを少し考えていきましょう。タイムトラベルと聞いてすぐに思いつくのが、この『バック・トゥ・ザ・フューチャー』で描かれるような一瞬で時間を超えて移動するものではないでしょうか。タイムワープともいえます。時間を過去に戻るという設定のSF作品において一般的なものでしょう。

一方で、２０２０年に公開された映画『ＴＥＮＥＴ』で描かれた過去への時間旅行は、全く異なるものだといえます。いわゆるワープという手法は使わないのです。一方向に流れる時間を矢印で示すとすると、『ＴＥＮＥＴ』で描かれるタイムトラベルは、この時間の向きを逆転させた矢印を登場させるのです。主人公だけが、時間が逆転して進む世界に入ることで、過去に戻ることが可能だという設定です。細かい話は、のちほど触れたいと思いますが、ここで言いたいことは、決してワープはしないということです。１週間前のある時刻に戻りたいとすると、『ＴＥＮＥＴ』では、逆向きの時間のなかで１週間過ごさなくてはなりません。そのため、『バック・トゥ・ザ・フューチャー』のように数十年前に戻ることが現実的には無理だという、大きな違いがあります。

他にタイムトラベルの描き方として、この２つの中間のようなものが、映画『タイムマシン』に登場します。マシンに乗り込むことは同じですが、このマシンは決して移動したりしません。固定された椅子のようなものです。過去に戻る場合、座っている自分以外のまわりの世界の様子が、時間逆向きに変化していきます。まるで、DVDで映像を逆再生しているかのようにです。『TENET』の主人公も時間逆行する世界では、自分以外のまわりが逆再生のように変化する様子を見るので、映画『タイムマシン』では、これにさらに「早送り」が加わっているイメージです。より遠い時間の過去に戻るためには、いくら早送りとはいえ、この逆再生で目的の時刻までさかのぼるために、ある程度時間がかかるように描かれています。その意味で、2つのタイムトラベル作品の中間のような描かれ方といえます。

ここで、タイムトラベルにおいて、私が気になることを挙げると、

・動力源あるいはメカニズムは何か
・時刻を指定して、同じ場所に移動することはどうして可能なのか
・過去を変えることはできるのか

という点です。

物理の立場でいえば、過去へのタイムトラベルは基本的には因果律というルールによって

禁止されています。私の著書『時間は逆戻りするのか』（講談社）に詳しく時間が戻るかどうかに関する物理的な解説が載っているので、興味がわいた方はそちらを参考にしてください。

ここではざっくりとだけ解説しておきましょう。

理論的には可能なタイムトラベル

まず現代物理学では、主に量子力学と相対性理論という2大理論が重要になっています。前者は、基本的に原子やそれよりも小さい粒子が振る舞う物理で、後者は光の速度に近い世界や重力が強い世界でのルールとなります。この2つの物理理論は、究極的には1つに融合すると思われていますが、現在はまだまだお互い相いれないものなのです。

宇宙に存在するあらゆる複雑な現象は、量子力学的な力と一般相対性理論で扱う重力という、基礎的な力だけで成り立っていると考えられています。もしこれら2つの理論が整合的に統一されると、これまで不明であった現象についても、説明や予測ができるようになります。例えば、ブラックホールの内部やビッグバン宇宙以前の高エネルギー状態の宇宙についてです。

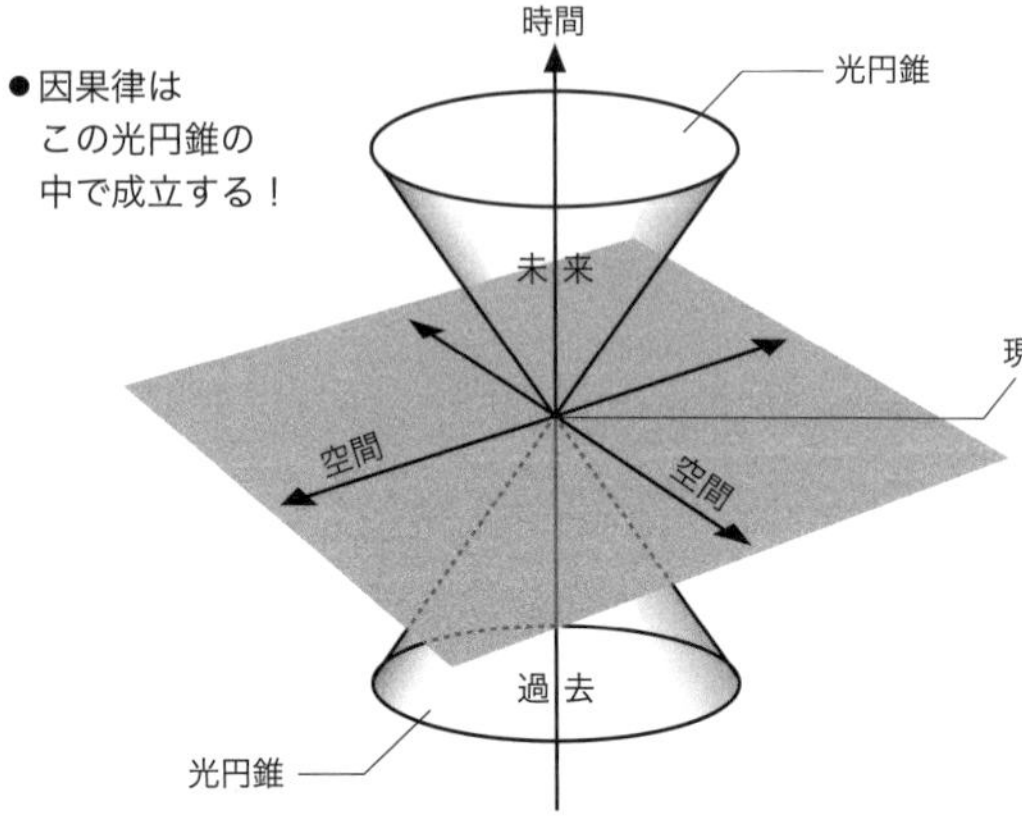

※実際の時空間は4次元。上の図はそれを3次元に落とし込んでいる。

図表1-1　光円錐のイメージ図

これは究極の理論や、統一理論と呼ばれています。原理的にはこの理論が完成すると、宇宙の全ての現象を完全に理解できることを意味しているので、究極の理論なのです。これが見つかるかどうかは、量子力学と相対性理論がいかに統一されるかにかかっているといっても過言ではありません。

さて話を「タイムトラベル」に戻すと、過去へと戻る場合、因果律というものが１つの大きな壁になっています。これは、光の速度がこの世で最高の速度であるということに関係しています。最高の速度があるということは、ある情報を過去から未来へ伝えられる限界の領域があることを意味します。光が運ぶ情報は、図表１‐１のように光円錐という光の速度が描く領域内でしか伝わりません。ある現象を起こす原因も、なんらかの力が伝わることで起こり、それが結果となります。つまり力の伝達も、この光速度が最大であるので、原因と結果の時系列も、この光円錐の内部にしかないということがいえます。これによって原因から結果が導かれるという、因果関係が成り立っています。相対性理論は、基本的にこの光速度が最大であるという原理に基づいています。したがって、相対性理論がベースとなる世界では、時間は因果律にしたがって、過去から未来への一方向しか成立しません。

しかし、いろいろな抜け道があり、その１つにワームホールを用いたタイムマシンが提案されています。時間と空間を一体のものとして扱う時空という概念がありますが、この時空上の異なる場所を結ぶような、ワームホールという数学的な解は実際に存在します。これを用いれば、原理的には異なる時刻、そして異なる場所へも移動することができるというものです。

ここで断っておきたいのは、現実の宇宙観測で、これがワームホールの候補だという天体は未《いま》だに見つかっていないということです。ですから、そもそもワームホールが現実世界に存在するか、あるいは、これを創造することができるかどうかも、今の物理学では不明なところが大きいということです。ここでは、あくまでこれらの点が解決できていると仮定して進める、想像上のものだということを理解してください。

その上で、実現が可能なタイムマシンは、ワームホールの出口を光速に近い速度で移動させて、入り口との時間差を作るという方法です（図表１‐２）。この時点でも、どうやって移動させるのかなど、ツッコミどころは満載なのですが、大きな欠点として、この想像上のタイムマシンは、過去に戻れても、せいぜいこのタイムマシンが完成した時点におけるワームホールの出口の時刻までだという点です。

相対性理論では、光速近くで移動すると、時間はゆっくりと流れます。出口を光速で移動させて、さらに光速でもとの位置に戻せば、入り口での時刻と、大きな時間差が生まれます。入り口と出口の時間差が仮に10年だとしましょう。すると、入り口から入れば、かならず入り口の時刻の10年前の出口に出ることができます。しかし、時間を戻るとき、もっとも遠い過去は、この10年前が限界ということです。これは出口を光速で移動させて戻して、タイムマシンが完成した時点ということです。図表１‐２の通り、入り口の時刻が２０３２年とするならば、戻れる過去は出口の２０２２年となります。

ここまで困難が多い上に、10年前へのタイムトラベルだけが可能というのは、なんとも夢がない気がしますが、映画『デジャヴ』ではつねに４日半前の過去に戻れるという設定です。

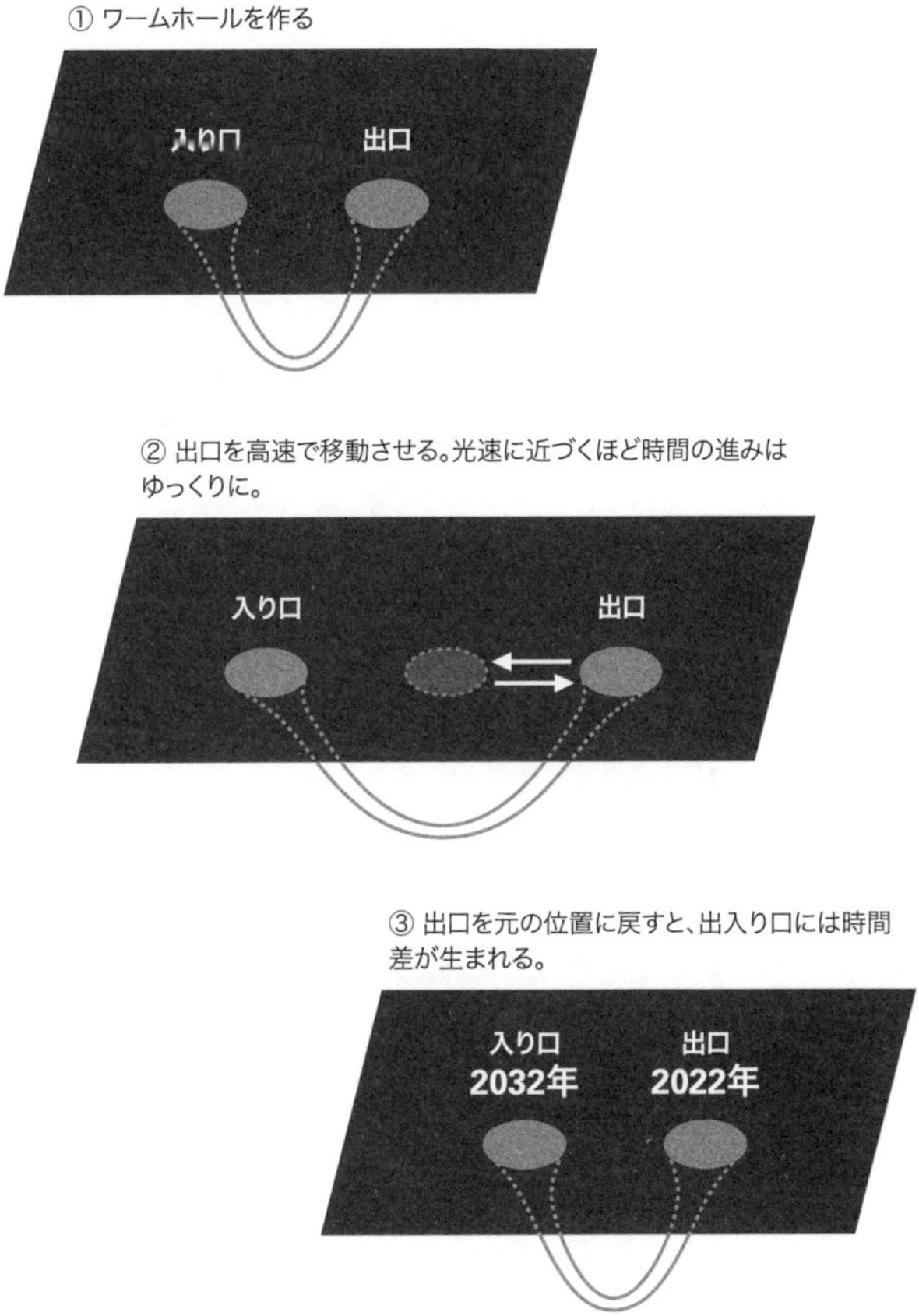

※出入り口の時間差を10年と仮定。イメージであり、時間は厳密な値ではない。

図表1-2　ワームホールによるタイムトラベル

そこで大きなテロを未然に防ぐドラマが描かれています。4日半前で劇的に何かできるのですから、たとえ10年前でも時間を戻れるならこれは大きな事件といえるかもしれませんね。

ワームホールを通過するには

それはさておき、もう少しこのワームホールのタイムマシンを検証してみましょう。タイムマシンが完成した時、仮にワームホールの入り口が2032年だとすると、戻れるのは出口の2022年でした。では、完成から1年が経つと戻れる過去はどうなるでしょうか。それは、翌年になると2023年までしか戻れず、2022年には戻れなくなります。

このように、ワームホールによるタイムマシンでは、戻れる過去の限界時刻は固定ではなく、徐々に未来へと時間が流れていきます。なかなか、SF作品で一般的に登場するタイムトラベルは、実現しにくいことが分かると思います。

さらに、大きな問題があります。ワームホールは、通常の物質は通過することもできないことが分かっています。通過するには、エネルギーが負となる奇妙な物質でなくてはならないということです。通常全ての物質はエネルギーが正なので、この時点で理論的に導入された想像上の奇妙な物質が必要ということになります。それほどワームホールとは、通過するだけでも解決するべき困難があるということを意味しています。肉体はもちろん、光でさえもエネルギーは正なので、本来は通過さえできないのです。

仮にそのような通過できる特殊な粒子ができたとしても、結局それは、その粒子を通信手段として用いていることに他なりません。つまり、映画のように、自分が肉体ごと時間を戻るということは到底できず、せいぜい過去の情報を観察する程度が限界ということです。ここまで見ると、全世界を網羅して録画できる衛星システムがあれば、それと実質変わりない気がします。録画映像を見ることと同じだからです。この点は、のちほど紹介する映画『デジャヴ』でも触れるテーマなので、ここではこのくらいにしましょう。

エントロピー増大の法則

物理の世界でもっとも現実的な時間を戻る現象は、量子力学に関するものです。つまり素粒子と呼ばれる粒子の奇妙な振る舞いのなかに、時間を戻る可能性が秘められています。

時間の一方向の流れを物理的に表現するときには、「エントロピー」という言葉が用いられます。映画『ＴＥＮＥＴ』でも登場したので、聞いたことのある人も多いのではないでしょうか。

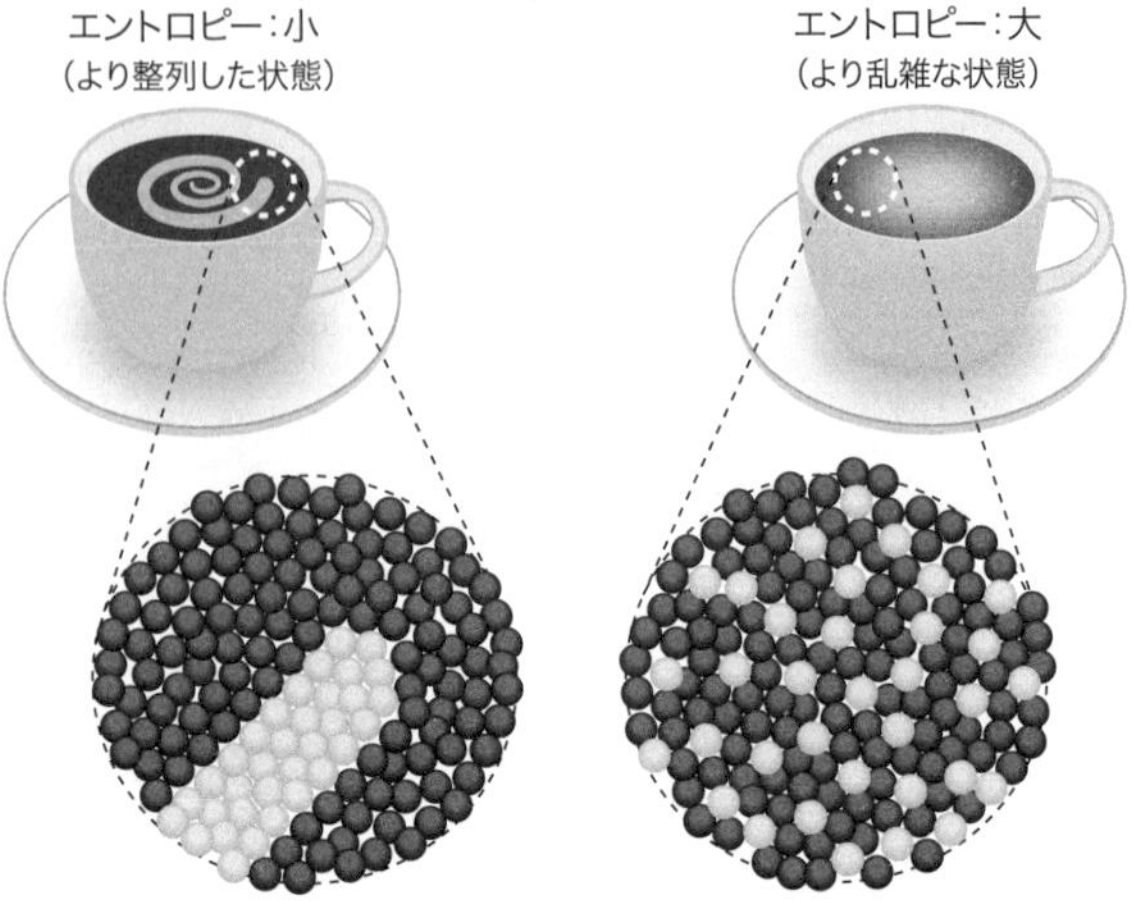

図表1‐3　乱雑さの程度を表すエントロピー

エントロピーとは、状態の乱雑さを示す量です（図表１‐３）。例えば、整然と並んで整理された本棚はエントロピーが小さく、逆に床一面に本が乱雑に散らかっているのはエントロピーが大きいといえます。全ての孤立した系（エネルギーも物質も外の世界とやり取りしない空間）では、このエントロピーが増大するという法則があることが分かっています。

コーヒーの入ったコップにミルクを注ぐと、ミルクが拡散して広がっていきます。この拡散現象をエントロピーの視点で見てみると、拡散していくミルクは、まさにエントロピーが増えていくことに対応しています。逆に、エントロピーが減少するような、広がったミルクが一点に集まるような現象は起きません。

この一方的な流れを規定しているのが、エントロピー増大の法則です。これが時間の流れを決定している法則だといえます。

　物理法則を示す方程式は、時間が発展するように表現されていますが、数式では過去へも未来へも向かう現象として描かれています。つまり数学的には、過去に向かう現象は禁止されていません。しかし現実的には、未来に向かう現象だけが現れているということが実に不思議なのです。それを法則としてきちんと規定しているのは、このエントロピー増大の法則だけだといえます。

　ここで近年、量子コンピュータの世界でこのエントロピーが減少する現象が観測されたという話題があります。ここでは内容に深入りはしませんが、量子力学の世界は、このように時間を戻る現象が実際に起こりえる可能性を秘めています。

　量子の世界では、私たちの巨視的な世界とは異なり、時間の概念も位置の概念もガラッと変わり、直感と相いれない世界が姿を現します。映画『ＴＥＮＥＴ』でもセリフとして登場してきますが、例えば、陽電子という粒子は電子と時間の面で逆の振る舞いをします。つまり、陽電子は未来へ向かう電子とは逆に過去に向かう粒子といえます。

　また量子の世界では、時間も連続的ではなく、とびとびの値をとって不連続になっています。この量子世界の特徴を最大限表現したものが、ロヴェッリ博士の著書『時間は存在しない』（訳／冨永星、ＮＨＫ出版）です。彼は、ループ量子重力理論という先駆的な理論を提唱した１人です。前に説明した量子力学と相対性理論との統一理論の候補の１つでもあります。ここでは、時間という概念を導入せずに、物理現象を語る世界が描かれていますが、内容はいささか難解なので省略させてもらいます。

言いたいことは、時間を戻ることを考えると、量子力学の世界が一番現実的にできる可能性が高いということです。つまり量子状態になれば、ひょっとすると過去へのタイムトラベルが可能なのではないかと想像します。

このような描き方をしているＳＦ作品に、海外ドラマ『12モンキーズ』があります。１９９５年に一度映画になったもののリメイク版ですが、２０１５年から２０１８年まで放送され、シーズン４までになる大作です。タイムトラベルものの長編物語として非常に面白いので、ぜひ一度見てみることをお勧めします。

長いストーリーですが、簡単に言うと、ある年に世界に蔓延《まんえん》したウイルスを食い止めるために、タイムトラベルで過去を変えるということが大きな目的です。全人類の９割以上がこのウイルスによって死滅して暗闇の地下で暮らす２０３５年の未来において、タイムマシンが開発されます。今のコロナ禍の世界を考えると、全く非現実的ともいえない時代としてのリアルさがありますね。

未来人の存在が意味すること

タイムマシンで過去に戻るとして、その目的はＳＦ作品によってさまざまです。例えば、

①滅亡した世界を救いたい
②ある死んだ人物を救いたい
③個人的興味本位

といろいろあると思います。

そのなかでも、①の世界を救うという大義名分は、もっとも理解しやすい目的だといえますね。ウイルスやテロなど、世界規模で亡くなった多くの人々の命を助けたいと言われたら応援したくもなるものです。しかし、ここで過去の改変が果たして可能なのかという、タイムトラベルものの一番大きなテーマが立ち塞《ふさ》がってきます。

物理的には、因果律によって過去に手を加えることは一切できないことになっています。つまり、物理世界でできるかもしれないと考えられるタイムトラベルは、せいぜい「過去を見る」だけということです。

あるいは、こういう場合も考えられます。

もし仮にタイムトラベルができたとして、過去に移動して過去の歴史に関わったなら、その未来人の関与は、すでに過去の一部に組み込まれているということです。つまり、すでにある現在の何かが過去の改変で変化することはなく、もし改変しているなら、それはすでに過去の一部で起きており、それを含めて現在があるということです。抽象的にいうと分かりにくいので、具体的に例を挙げてみましょう。例えば、『バック・トゥ・ザ・フューチャー』のＰＡＲＴ１のように、時計台の前で撮る集合写真を考えてみましょう。

時計台が設立された場所で、ある過去に撮られた写真があるとします。その写真を持って、翌年タイムマシンで撮影された時刻に戻って、自分もその写真に写りこむことを考えます。これによって手に持っている写真に、新たに自分が浮かんでくることはないということです。写真はなんら変化せず、もし一連のタイムトラベルができているなら、すでに持っていった写真にそれが映り込んでいるはずです。最初に持っていた写真には大勢の人物がいて、よく見ると、実は自分らしき人が写っているはずだということです。つまり、過去のその時点では、まだ翌年タイムトラベルすることは決まっていませんが、その一連の行動が、すでに過去に織り込み済みとなって写真に反映されているということです。そう考えるのが、もっとも矛盾のない因果律に基づいたシナリオの結論といえます。

　逆にいえば、タイムトラベルで現在に戻ることができる未来人がもしもいるならば、今この現在にすでに存在していないと矛盾してしまうということです。こんな思考実験が分かりやすいかもしれません。

　優秀な科学者同士が未来においてタイムマシンを開発した場合の取り決めをするとします。そして、「初めに過去に戻るのは、今この瞬間のちょうど10分後のこの場所にする」と、誓約書のようなものを取り交わしたとします。そして10分間、あちこち探しても、何も起こらなければ、「未来で彼らがタイムマシンを開発できないこと」が、すでに織り込み済みの結論として分かってしまうということです。このアイデアは、アメリカの人気コメディ番組『ビッグバン★セオリー／ギークな僕らの恋愛法則』いう作品に実際に登場するシーンから引っ張っています。残念がっている2人の科学者がシュールな笑いを届けていますので、ぜひご覧ください。そんな未来人の痕跡《こんせき》を探すオカルト的な試みもありますが、明確な未来人の証拠がない以上、この先の未来でタイムマシンが開発されないことも、同時に確定しているといえます。

タイムトラベルに必要なエネルギー

ここまで踏まえて、最初のタイムマシンに関する3つの疑問について考察してみましょう。挙げた疑問はそれぞれ次の内容でした。

・動力源あるいはメカニズムは何か
・時刻を指定して、同じ場所に移動することはどうして可能なのか
・過去を変えることはできるのか

まず、どのように過去に戻るのかというメカニズムです。

もちろんこれにきちんと答えられるのならば、私もドク博士になれてしまいます。映画では、「プルトニウムを動力源にして、デロリアンを時速88マイルで加速すると、次元転移装置へ1・21ジゴワットの電流が流れる」ことにより、タイムワープします。ワットはエネル

ギーの単位ですが、ジゴワットは、もちろん架空の単位です。また時速88マイルとは、時速141㎞ですので、さほど非現実的な車の速さということではありません。現に、フェラーリは最高時速300㎞以上を出せるので、加速だけが動力源ならタイムマシンだらけということになりますね。要するに、肝はプルトニウムという原子力エネルギーを用いている点だといえますが、詳しくはこれ以上語られていないので不明です。

ＰＡＲＴ２では、デロリアンは空飛ぶ車に改良されていますが、注目すべきは家庭のゴミなどを動力源に変更している点です。科学的にこれをうまく解釈するならば、物質を原子レベルまで分解することで、原子力エネルギーを利用しようとするものなのだと思います。常温で行えるコンパクトな原子炉というイメージでしょうか。常温核融合もクリーンに行えれば、未来の技術といえそうです。

もちろん、技術的に可能かどうか考えれば、ツッコミどころは満載です。ですが、こうした無理はさておき、何か原子力エネルギーに頼って、時空転移を行っているということはいえるでしょう。ただ映画ではこの動力源として落雷が代用されていることもあり、単にエネルギーが稼げればいいのかもしれません。ちなみに、ＰＡＲＴ２まではこのエネルギー供給と車の加速が重要だという設定でしたが、ＰＡＲＴ３になると、単に車の速度問題のほうだけに関心があるようで、機関車で加速できるかどうかということが最終テーマになっていました。

生身で飛ぶか、乗り物とともに飛ぶか

一方、ここまでの物理的な話で考えると、過去に戻る技術には、莫大なエネルギーが必ずしも重要となるのではなく、量子力学的なメカニズムが必要不可欠といえるのではないでしょうか。

この点、海外ドラマ『12モンキーズ』では、身体を量子レベルにまで分解して転送しています。

ドラマでは、悪人を懲《こ》らしめるために、この装置を利用するシーンが描かれています。どこかの過去に送るのではなく、数秒先の未来に送るということを繰り返し行います。どうやら、量子状態に分解され、再び合成されて元の身体に戻るという操作を何度も行う拷問《ごうもん》のようです。ドラマの設定では、この操作が肉体的にかなり苦痛を与えるようで、悪人が「やめてくれー」と懇願《こんがん》してきます。

この詳細はさておき、ここで伝えたいのは量子レベルまで分解して時空を転送するという

描写は、車に乗って時間を移動するよりも、物理的にはまだ説得力があるといえるのではということです。『12モンキーズ』では、この装置で転送されるためには、装置から放たれる特殊な光を浴びてかつ、先に特殊な注射をしておく必要があるという設定が出てきます。量子レベルの分解と生体の何らかの調整を行っておくという描写が、わりとリアルで面白い点だといえます。

一見、何かマシンに乗って移動するというほうが、映画的には描きやすいものですが、量子力学的なメカニズムで移動することがタイムトラベルのベースであると考えると、車ごと時空を移動するほうが大変です。車の金属なども全部量子的に分解して、再構成しなければいけないからです。また映画『デジャヴ』でも、このような移動に関する質量の制限があるように描かれています。拳銃など武器も装備していきたい主人公でしたが、なるべく質量を軽くするために、文字通り裸一貫で行かなくてはいけないことが描かれています。

思い通りの過去に行ける可能性

次に転送先をどのように設定するのか？　という問題を考えてみましょう。

『バック・トゥ・ザ・フューチャー』でデロリアンはデジタル時計の日付を設定すると、ピ

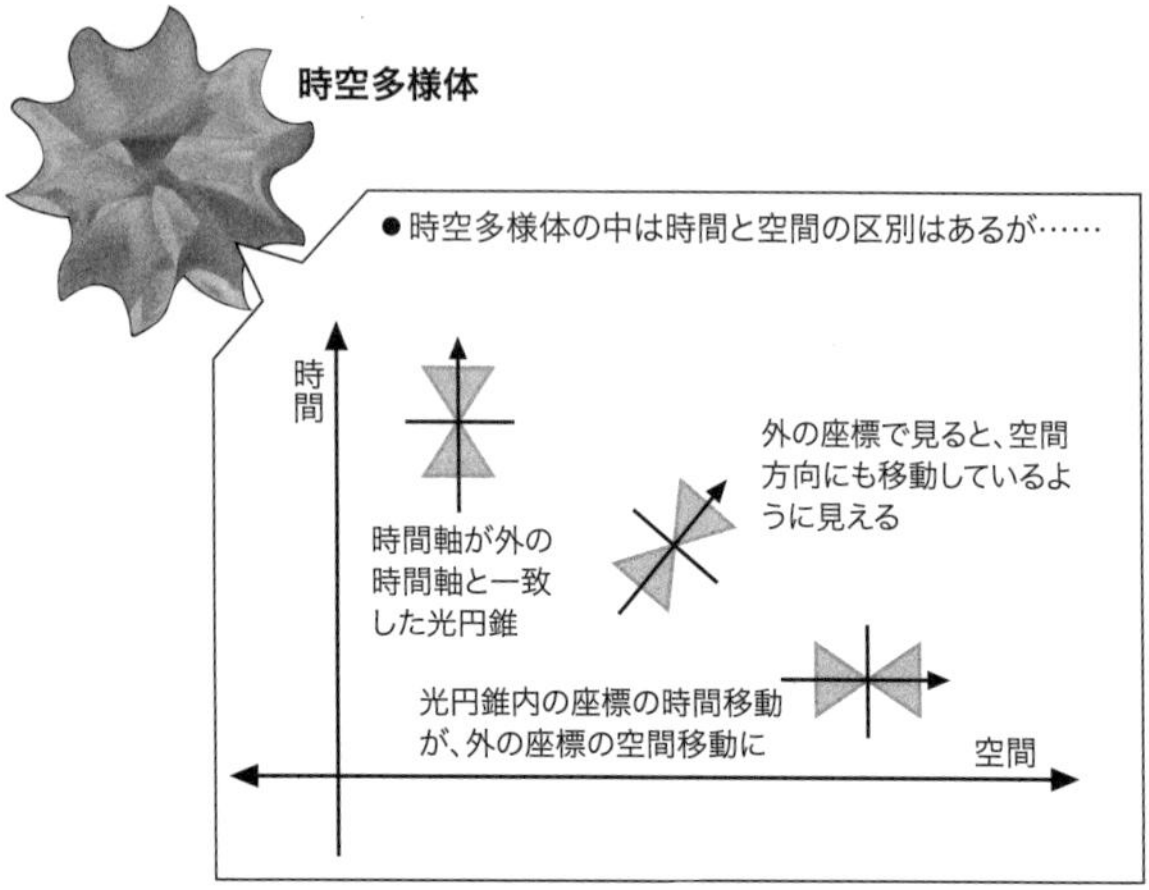

図表1-4　時間と空間が曖昧になる時空多様体

ッタリその日付にたどり着いていました。ここで私が疑問に思うのは、そもそもある時空点からワープして、別の時空点に移動することを考えると、時間だけを特殊に扱えないのではないかということです。

　一般相対性理論では、宇宙そのものも時空多様体という時間1次元と空間3次元が合わさった4次元のものという扱いになっています。時間と空間が合わさったといっても、時空多様体自体は、時間と空間がモザイクのように織り交ざっているというイメージではありません。縦軸に時間、横軸に空間と表現すれば、軸の方向の違いで時間と空間の違いは簡単に区別がついています（図表1-4）。しかし、このなかに仮に斜めを向いた光円錐を置くと、その人にとって、もはや時間方向は、もとの座標で見ると、時間と空間の両方が混ざった成分となってしまいます。例えばブラックホールの内部ではこれが顕著《けんちょ》であり時間方向が、空間方向に完全に入れ替わったりします。光円錐の図が横倒しになった状態です。ブラックホールの内部で空間的に移動したつもりが、未来への時間的な移動になってしまっているという実に奇妙な状態です。この意味で、時空多様体という考えでは、そのなかを移動することによって、もはや時間と空間の区別が曖昧になるのです。

タイムマシンによって時空での移動が可能であると考えると、映画で登場したような、時間と空間を別々に考えての移動は難しいのではないかと思ってしまいます。つまり、空間の場所が同じで、時間だけを正確にある過去の時刻へ戻すということは、時空多様体の立場で考えると難しい気がするのです。相対論では、時間と空間に本質的な区別がなくなるからです。例えば光速で移動する人から見ると、まわりの景色は進行方向に縮んで、動きもゆっくりとなります。空間の縮み、そして時間の進みが同時に異なってくるのです。

やはり相対論の立場でいえば、どちらか一方だけを調整することは難しいのではないでしょうか。現実世界でもＧＰＳを用いて衛星が浮かぶ空からある地表の地点まで、正確に宇宙飛行士を落下させることは難しいです。大気の具合や空気抵抗など、現実的なことを横においても、光でさえきちんと相対論の計算を考慮に入れないと、数メートル以上は平気でずれてしまいます。これを過去のある時刻に戻ることまで重ねて考えると、正確にある時刻にワープするのは困難だということが自然に分かると思います。大きな誤差が生まれて当然だといえます。

ＳＦ作品では、これを容易に調整しており、事件の起こる数分前まで、微調整が可能なものも出てきますが、これはこれで、タイムトラベルとは別のメカニズムや技術が必要なテーマだといえます。『12モンキーズ』では、この点も比較的リアルに描写しています。過去に戻るときも、１週間ほどのずれがあるという設定が出てくるからです。

この作品中では、タイムマシンを時間だけでなく、空間を移動する手段としても用いています。時空多様体中の移動がタイムマシンの本質であるならば、時間移動と空間移動には差がないと考えられます。とすると、タイムマシンは実質、ワープのような空間の移動も同時にできるはずです。むしろ、それがタイムマシンであるとしたら、本来は時間だけを戻るマシンではなく、原理的には空間も当たり前に移動できる装置なのではないでしょうか。『12モンキーズ』では、実際にタイムマシンで同じ時代の別の場所に移動もしています。

実は離れた空間を一瞬で移動する技術ということでいえば、量子テレポーテーションという現象があります。これはＳＦだけの話ではなく、量子もつれという量子力学の現象を用いて、離れた点での移動が現実的に観測されています。現在は、単に量子という素粒子の移動ですが、これを拡張していくと、原理的には原子でできているものは全てこの移動が可能となります。

映画『スタートレック』には、ある惑星から宇宙へ一瞬で移動して戻ってこられる転送装置というものが登場しますが、これも科学的にうまく解釈しようと思うと、この量子テレポーテーションが現実的には一番近いといえます。つまりこの『スタートレック』の転送装置は、実質的には、タイムマシンにも成りえる技術の礎《いしずえ》になりそうだということです。

過去を変えることはできるのか

最後に３番目の、過去が改変できるか問題に移りましょう。

これがタイムトラベルを扱うＳＦ作品の最大のテーマともいえます。むしろ、これができないと、ストーリーとしても全く変更がなく盛り上がりに欠けますから、ＳＦ作品では改変できることが必須とさえいえます。

一方、物理的には因果律によって改変できない、過去は過去のままという立場がもっとも自然であると思われるので、その立場から考えると、アニメ『信長協奏曲』のようなタイムトラベルの描き方がまともな気がします。

これは、現代の高校生が、戦国時代にタイムスリップして信長の代わりを演じるというストーリーですが、あくまでそこで起きていることは、歴史の教科書通りのことを主人公が行っているというだけです。現代的で斬新なものの考えが、ある意味、当時の信長の奇抜な行動を補足しているような側面もあって、大変面白い作品でぜひ一度見てもらえるといいと思います。小栗旬さんが主演で映画にもなっています。

ここで言いたいことは、主人公が歴史を改変する行動を基本的には取っていないということです。彼が歴史を知らなかったせいもあるのか、タイムトラベルはしても、本能寺の変で殺害されるまで、一切改変はできないという立場で話は進行していきます。これがもっともありえそうなタイムトラベルのストーリーではないかと思います。

親殺しのパラドックス

しかし、これではSF作品によく出てくる、歴史を改変できるストーリーを真っ向から否定するだけの立場になってしまいますので、ここでは仮に因果律を横に置いて改変できるという立場で、もう少し柔軟に発想を広げて考えてみましょう。

例えば、親殺しのパラドックスがあります。過去に戻って親を殺すと、自分が消えてしまうのか？　というものです。『バック・トゥ・ザ・フューチャー』では、親を殺すかわりに、親同士の恋愛がうまくいかなくなって、写真に写っている自分の姿が消えてくるという描写があります。また自分の手が消えていってしまうというシーンも出てきます。つまり、因果関係から今存在している自分自身が消えてしまうのです。目の前の人が、消えてしまうということは、まわりにいる人にとっては、一大事でしょうね。

では、実際に殺してしまったらどうなるのでしょうか。

私には、タイムトラベルをして過去に訪れている自分が存在している以上、そこで親を殺すこと自体ができないのではないかとも思えてきます。その行為が成立してしまうと、自分の存在に対する矛盾につながってしまうからです。

また改変できたとして、どの程度のことができるかというテーマもあると思います。

この親殺しの設定でも、改変できたとして存在に関わる決定的な変更はできない可能性があります。なんらかの禁じ手のように、殺そうとしてもうまくそれが実行できない、あるいは失敗に終わる、あるいは仮に母親を殺害できたとしてもすでに身ごもった状態で、結果として緊急手術などで子どもだけが奇跡的に助かってしまうかもしれません。これだと自分という存在が消える矛盾に陥りません。母親が亡くなったという新しい事実も、何かしらの客観的証拠を持っていない限り、自分の記憶が改変されるだけで済んでしまうかもしれません。

過去の改変を知覚するには

ここで大事なことは、過去の改変によって未来が変わったかどうかを客観的に言うためには、2つの未来を並べて比較できる証拠や観測する人物がいないといけないということです。

それ以外は、単に過去の記憶違いで済んでしまうことがほとんどです。例えば、『バック・トゥ・ザ・フューチャー』では現在に戻ることで、世界が変化していることを確認します。しかし本来は、過去に戻って変化を与える人と、それが現在にどのように影響するかを同時に観測する人、最低2人の人物がどうしても必要になるのではないかと思います。例えば、『12モンキーズ』の設定に沿って、タイムマシンで過去に送る博士と、送られるエージェントがいると考えましょう。そして、そのエージェントが過去に起こるウイルステロを食い止めたとして、それによって現在にいる博士は、その世界が変化することを目撃するはずです。

しかし、ここでもなぜその博士だけが、「それを変化として観測すること」になるのか、理屈の通る説明は浮かびません。仮に、このテロによって死んだ人々がその世界に何事もなかったように生きて現れてきたとして、その変化を博士自体が果たして変化として観測できるのかということです。博士の人格や記憶が一瞬で書き換わってしまったら、それを変化として観測することはもはやできず、単に自然に現実を受け入れているだけです。つまり歴史改変による変化とは、気づけないのではないかということです。

映画を見ている観客は、その世界の変化を第三者的に見ているので違いを認識できますが、その世界にいる人々にとっては、全く気がつけないと考えたほうが、より自然な気がします。こうなると、ただ1人この改変したエージェント本人の記憶違いだけで済んでしまいます。つまり、もし大きく歴史を改変できてしまうならば、それは全く別の世界が生まれることを意味しています。これは並行世界という概念に近いと思います。

まとめると、改変できる場合であっても、

①歴史になんら影響を与えない、わずかな改変しかできない

②大きな改変ができるならば、それは並行世界が自然に存在する世界となる

といったところではないかと思います。

映画『デジャヴ』でも、この点を大河の流れで説明しています。通常の時間の流れを大河の流れに例えると、過去に戻っても普通はわずかな波紋しか起こすことができないと説明しています。もし大きく改変できたとすると、新しい川の流れが生まれると考えます。この場合、前の流れは自然に消え失せてしまうのか、あるいはどちらも並行に流れている2本の川となるのか、つまり並行世界となるのか、この点が問題になるといっています。

多くのＳＦ作品では、通常、過去に送られた主人公目線で物語が進行していきます。しかし過去に送り込んだ人物目線で、ずっとストーリーを描くとどうなるのか、そのほうが実は一番気になることです。前の流れが消えてしまうなら、過去に送った瞬間に歴史の改変が伝わり、送った人も装置も含めて、その世界がまるごと消え失せてしまうことになります。あまりにブラックすぎる結末ですね。

タイムトラベルを見守った人のその後

一方、並行世界の立場でいえば、送った人々の世界はそれ以降もなんら変化がないままです。そして全く別の変化した世界が同時に存在するということになります。

もともと、並行世界とは量子力学の「シュレーディンガーの猫」という思考実験で、ある１匹の猫が、量子力学では死んでいる状態と生きている状態で矛盾なく同時に存在できることから発想された世界観です。

並行世界は、過去の改変ができると考えた場合、もっとも矛盾なく説明できる世界観といえます。これをそれぞれの宇宙が存在するとして成立させた世界がマルチバースです。ただし問題は、それら２つの世界を比較できないと意味がないということです。別の世界を観測できないなら、それは単に現実ではないことと同じです。比較することができない並行世界のままでは、ただの解釈止まりとなってしまうのがほとんどでしょう。海外ドラマ『フリンジ』では、このような並行世界同士が、重なりあってお互いの世界が消滅する危機を迎えるというストーリーで、作中ではお互いの世界を行き来したりもしますが、このように２つを同時に比べることができて初めて、並行世界という世界観が物理として扱えることになるといえます。

また、並行世界のシナリオでは、送った人々はなんら変化のない日常を過ごすので、映画的には全く面白みのないものになります。送った人の立場で変化する世界の様子を描いた作品は、ほとんどないのではないでしょうか。唯一、『12モンキーズ』ではこの描写が出てきます。過去にエージェントを送った博士は、すでに実験によって自身も時空転移のための生体注射を施しています。そのためにその世界の改変を「変化として目撃することができる」唯一の人物であるという設定です。どう描かれているかというと、まわりが幽霊のように人物や物が、早送りで移動していきます。まさに映画『タイムマシン』で、タイムマシンに乗っている人が、目撃する世界の変化に近い描写です。

とにかく言いたいことは、大きく過去が改変できる場合、世界が1つで同じものとして考えると、矛盾をはらんでしまうということです。つまり、タイムトラベラーがもといた世界と、ワープして移った先の世界は、同じ世界ではないと考えたほうが、理屈が通るということです。

別の世界ならいくら過去を改変しても、単にその世界の未来が変化するだけで、それはその人物がもといた世界の未来とはなんら無関係ということになります。並行して存在する別の世界なのですから。その2つを行き来して、何か双方を比べて確認する手段がない限り、互いの変化に気がつかない、そう考えるのが自然ではないでしょうか。

何度も同じ過去に戻ると自分は増えるのか？

　もう１つ、過去に戻るタイムトラベルで気になることがあります。それは、何度も同じ過去に戻る場合、戻るたびに過去にいる自分が増えるのか？　ということです。

　戻った過去の世界が同じであるならば、なんらおかしくない自然な発想だといえます。『バック・トゥ・ザ・フューチャー』でもＰＡＲＴ２で過去に２度目のタイムトラベルをすると、ＰＡＲＴ１で過去に戻ってきた自分の姿を目撃します。仮に、過去のある出来事を阻止するために、何度もタイムトラベルをすると、その特定の時刻に複数人の自分が同時に存在することになります。

　ちなみに『12モンキーズ』では、このような同一人物の身体や、同一物体同士の接触も、「パラドックス」と呼ばれる爆発現象を起こす設定になっていました。未来の腕時計を過去に送り、同じ腕時計に接触させると、時空に切れ目を入れてしまうほどの一大イベントになってしまうので、極力接触をさけていました。この戻るたびに、過去にいる自分が増えるのかという問題に対しても、戻った過去が、並行世界の別の過去だと考えると、増えないという結論になります。もともと存在していた過去の自分とは鉢合わせることになっても、タイムワープを繰り返しても、自分の数は増えていかない、そう考えたほうが並行世界では自然な気がします。

空飛ぶ車が実現するために

『バック・トゥ・ザ・フューチャー』に関して、タイムトラベルとは直接関係ないのですが、ＰＡＲＴ２でデロリアンが空飛ぶ車に改良されました。これは未来において、空を飛ぶ技術の開発が急激に発達したためでした。スケートボードも車輪が取れて、空中を浮きながら移動していました。この章の最後では、そんな空飛ぶ技術について少しだけ触れてみます。

　人類の大きな夢として、ＳＦ作品には未来の描写にたびたびこのような空飛ぶ車が空中を移動しているものが多いですよね。確かに、道路が地上だけでなく3次元空間の空中にも広がれば、いろいろと便利なことが多いとは思います。しかし、本当に必要なのかと真剣に考えると、イマイチ分かりません。そもそも地上でさえ起こる交通事故ですが、空中移動の場合には、さらに大規模な事故になるリスクが高いでしょう。空中に道路のような移動の指標となるものがないので、完全な無法地帯となってしまうのではないか、そんな危険な世界を誰もが一度は想像するはずです。

個人的には、空中は事故の想定も含めて、無人で移動する、例えばドローンのようなものが限界な気がしています。ドローンでさえ、勝手に空中を移動することで、プライバシーの問題や不法侵入のような問題も多くなることが、容易に想像できます。選択肢が増えると、その利用に関して性善説だけでは語れない犯罪のバリエーションも増えてくるので、良い面以上に悪い面が現れて問題が山積みになりそうな気がします。

それでも調べてみると、次世代の技術として民間企業で元自動車メーカーや航空業界出身者などを中心に、空中を移動する車の開発が現実味を帯びて進んでいるようです。

技術発展という意味では、いろいろな可能性を模索して研究することが、科学の発展には不可欠です。ただし、その技術を用いるのは未来の自分たちだということをより現実的に考えて、早い段階で社会的リスクなどを回避する新たなルールを作らなくてはとも危惧《きぐ》してしまいます。

そういった観点で、あなたが実現していると想像できる未来世界とは一体どんなものでしょうか。一度、考えてみるのも楽しいものですよ。

第2章

過去に戻った捜査官に自由意志はあるのか

『デジャヴ』

もっともリアルなタイムトラベル

次にご紹介するのは映画『デジャヴ』です。この作品が面白いのは、「何度もタイムワープをしました」ということを明言しないで、なんとなく匂わせている演出が、想像を膨らませて興味をそそる点です。少し話が複雑なので、映画を見ていない方のためにもストーリーを追いながらもっとタイムトラベルについて考えていこうと思います。

冒頭は平和な海軍の出航パレードから始まります。すると突然、その船が爆発。５００人以上が亡くなる事故が発生します。この事故の原因究明のため現場に現れるのが、デンゼル・ワシントン扮する主人公のダグです。彼はＡＴＦ（火器及び爆発物取締局）と呼ばれるアメリカの爆発物取り扱いの専門局に捜査官として勤めています。

実は、タイムトラベルに関する重要なシーンはこの冒頭のダグの登場直後に映ります。それは、着信音に気づいてダグがポケットから携帯を取り出すシーンです。ぜひ、映画を見るときは細心の注意を払って目で追ってほしいです。

一見すると、このシーンはダグがポケットの携帯を取り出して、確認しているだけのように見えます。しかし、見方によっては近くにある死体袋の中から、ダグの携帯と同じ着信音が鳴っているように見えるのです。

他方で、このシーンは着信に気づいたダグが折り返すと、死体袋の中で携帯が鳴ったようにも見えるシーンです。はたして死体袋の中の人はタイムトラベルして死んだダグなのか？　それとも着信相手なのか？　映画はこの時点でまだ10分もたっていませんが、すでにタイムトラベルを匂わす伏線が張られています。

物語が進むと、現場証拠からこの事故が事故でないことが明らかになっていきます。とくにダグは爆発が起こった川の川下で、事故発生前に女性の遺体が発見されていたことに不審感を抱きます。その遺体は焼死体でした。つまり、彼女の殺害をカモフラージュするために、船の爆破事件が起きたのではないかと推測したのです。そこで、ダグは遺体となった女性の家へ捜査に向かいます。

家に着き、早速捜査を始めるダグ。すると、そこで奇妙な出来事に遭遇します。自分が残した留守電の録音メッセージをダグは聞くのです。その留守電は家宅捜査の前、伝言を預かっているという同僚から受け取ったメモにあった連絡先へと残したものでした。

メモの相手が不審な遺体となって発見された女性であったことに、ダグは驚きを隠せません。しかも、その家にはいたるところに、自分の指紋や血のついたガーゼがありました。

もちろん、これは過去へと戻った自分のもので、それは映画の後半になってから分かります。ですが、ネタバレも含めて時系列で語るほうが分かりやすいので、このように解説していきます。つまり、この物語はすでに一度過去へとタイムトラベルした自分の痕跡が、最初から現在に組み込まれているのです。

通常の時間軸にしたがってダグ目線で出来事を時系列でまとめると、

①不審死で見つかった女性の家を捜査
②タイムトラベルして過去へ
③過去において彼女を助ける際にケガをして彼女の自宅で治療

となります。

一方、映画の冒頭では、この未来の帰結である出来事③によって生じることがすでに織り込まれて描かれています。こうした描かれ方は、因果律の立場から考えると、タイムトラベルのもっともリアルな時系列の描き方といえるかもしれません。映画『プリデスティネーション』も同じような設定で描かれています。さらに、こちらの作品は、恋に落ちる男女と、その2人の間に生まれる子どもも含めて、なんとそれら3人が全て同一人物というとんでもない設定です。ぜひ一度ご覧になってみてください。

話をもとに戻しましょう。つまり、タイムトラベルによって過去が改変される場合、その改変も含めて、出来事の時系列にすでに織り込まれているのが、もっとも矛盾しない描き方であると考えられるのです。

もし、タイムトラベルが織り込まれていないストーリーを描くなら、『デジャヴ』のストーリーで言うと、家宅捜索中に自分の血痕《けっこん》つきガーゼは見つかりません。証拠品を全て押収して署に持ち帰り、②③を行ったあとに、それらをもう一度見直すと、新たに自分の血痕つきガーゼがなぜか証拠品中に勝手に入ってきて、事象が改変された様を目撃することになるはずです。ですが、こういった変化は因果律と矛盾してしまうので、すでに過去の一部に織り込まれているほうが、自然といえます。

しかも、よくよく考えると、『デジャヴ』ではすでに1度過去に戻っている痕跡があるので、冒頭から活躍するダグは、少なくとも2度目のタイムトラベラーということになります。混乱してきますね。でも、そう考えてみると、この映画は実に面白いのです。彼女の部屋のボードに残された「U CaN SAVe heR（君は彼女を救える）」というメッセージも、過去に戻った１つ前の自分が、今の自分に宛てたもののように見えてきます。

過去を見る技術

物語はさらに進むと、タイムトラベルを開発するＦＢＩの特殊部署が登場します。そこでは、過去そのものを見ることができるようですが、最初は単に映像技術を駆使して立体的に再構成されたリアルな過去の録画映像を見ることができると説明されます。映像で振り返れるのは４日半前まで。それもある瞬間を確認できるのは１回かつ１か所だけで、早送りも巻き戻しもできません。

一方で、視点は好きなように切り替えられるので、問題は４日半前のどの地点を観測すべきなのかということになります。

ダグは、遺体で発見された女性のクレアをまず見るべきだと助言しました。すると、犯人と思しき人物とクレアが電話で話す様子を目撃。ここでの情報が発端となり、事件前の容疑者の足取りをつかむことができました。

ここまでは、単に録画映像で過去の出来事を観察しているだけです。しかし、勘のいいダグがレーザーポインターを画面に当てると、録画映像であるはずのクレアがポインターの光に注目。ダグは装置が過去の世界に干渉を与えるものであることに気づきます。映像ではない、現実の過去が目の前にあることを突き止めるのです。

ここで、過去を見る技術について少しだけ脱線してお話ししましょう。

過去を見るだけであれば、タイムマシンは必要ありません。宇宙では距離が遠くになるほど、観測では過去の情報を見ることになります。つまり、地球が恐竜時代であったときの宇宙を知りたければ、1億光年かなたの宇宙を観測すればいいのです。重力波観測の5例目となったイベントは1・3億光年先のウミヘビ座の方角にある中性子星の連星から発せられたシグナルで、数日間続きましたが、この現象も白亜紀時代のある数日間をまさに今観測しているということになります。

もちろん、これでは恐竜時代の地球ではなく、別の天体の過去の姿を見ているだけですが、この原理を用いると、地球の恐竜時代の様子を観測することもできます。例えば、このような1億光年ほど遠方の星に、地球の様子を観測する超超高精度の分解能を持つ望遠鏡を設置できれば、相対的に地球の白亜紀の姿が映るはずです。ただし、どうやってこんな遠方に観測装置を設置するか、得られた情報をどうやって地球に1億年かからずに伝達するか、という少なくとも二重の障害はあります。

設置の問題でありえそうなシナリオは、フィクションが強いですが、ある遠方の距離にいる宇宙人にこの装置を設置してもらうことです。代わりにこちらでも、相手の惑星を高精度で分解して観測する装置を設置します。そうして、お互いに知りたい情報を超光速でやり取りするのです。しかし、これでも光の速度を超えた超高速通信技術は必要になるでしょう。

では、超光速通信を実現する可能性やシナリオは存在するのでしょうか。その1つとして、1章でも登場したワームホールを利用するという手があります。ワームホールを用いれば、瞬間的に空間の距離を超えて別の位置に光を移動させ、それを通信に利用することが可能です。ただしこちらも、前に触れたように、通過するときの負のエネルギー問題やワームホールがまだ理論上だけのものであるといった大きな課題は残ります。

また、別の方法として少し非現実的ですが、タキオンという仮想粒子を用いる方法もあります。タキオンは、理論的に光を超えた速度を持つことができる粒子です。相対性理論において、光速度は自然界における最高速度であり限界値ですが、理論上だけでいえば、光速度を超えた特殊粒子を導入して相対性理論を拡張することはできます。しかし、このタキオンの質量は、虚数という現実にない値を示します。

つまり、タキオンが仮に存在して超光速で移動したとしても、それを観測して捉えられるかは別問題です。ここでは仮の話として、タキオンを観測し、しかもそれを操作することができるとしましょう。超光速なので、因果律を破るような通信が可能となってきます。

例えば、うまく設定すれば、未来から過去の自分にメッセージを送ることが可能となります。その設定を詳しく話すほどの現実的なアイデアとは思えないので省きますが、原理的には「競馬の結果」を知って、過去の自分に「当たり馬券を買わせる」ことができるようになります。

これによる過去への介入が一体どういう結果を生むのか、本書でもテーマの１つである歴史の改変がどうなるのか、気になりますね。やはり個人的には、因果律という時間の流れが変化することはないと思っているので、例えば、過去の自分に当たり馬券を伝えても、何か障害が入って「決して買うことができない」のではないかと思います。いわゆる禁止行為が起きないように、時空全体で監視する存在が働くのではないのでしょうか。
脱線しました。話を映画に戻しましょう。

消化不良な〝結末〟

過去に干渉できることが分かると、ダグはメモを過去に送ろうとします。この容疑者が現れる場所と時刻を過去の自分に伝えようとするのです。ですが、送ったメモを手に取ったのは、ダグではなく相棒のラリーでした。不審に思った彼は犯行前の現場に赴きますが、そこで容疑者と遭遇し、銃で撃たれて車に乗せられてしまいます。

ダグは相棒を銃撃した容疑者のアジトを突き止めようと、映像で犯人の車を追跡し始めます。しかし、この装置の観測圏外に行ってしまう犯人。そこで、同じく過去を見ることができる携帯型の特殊なゴーグルを装着して、ダグは自ら自動車を運転して犯人を追跡、なんとかアジトを見つけました。

アジトには、救急車が突っ込んで爆発・炎上した家の残骸《ざんがい》がありました。一方、ゴーグルには、相棒を引きずる容疑者の姿と、まだ炎上する前の家が映っています。映像をもとに、犯人の足取りを追うダグ。しかし、決死の追跡も虚しく、ダグは相棒のラリーがとどめの一撃を撃たれたことを知ります。

その後、捜査は一旦、現実世界の通常方法に切り替えられました。追跡の途中で犯人の顔を捉えていたこともあり、難航することなく犯人を特定し、逮捕に至ります。ダグは上司から捜査終了を言い渡されました。

余談ですが、この犯人役のジム・カヴィーゼルは、海外ドラマ『パーソン・オブ・インタレスト』で、未来を見て未然に犯罪を食い止める主人公の捜査官を演じています。過去や未来を扱った両作品に、悪役と善人役として出てくるなんて、つながりを考えると面白いです。

タイムトラベルは人体に全く影響がないのか？

しかし、ここで事件解決と喜ぶダグではありません。やりたいことは自分が過去に戻って死者を出さないことです。そこで、メモと同じように自分を過去に送ろうとします。

『デジャヴ』のタイムトラベルは、セリフなどから推察すると、おそらくワームホールのようなトンネルを作って過去に送るというものです。ただし映画では、このトンネルを通過するときの影響で同時に心臓の鼓動が止まってしまうという設定でした。これは実に斬新な設定です。ほかのＳＦ作品でも裸で移動するとか、嘔吐《おうと》するなどの描写はありましたが、過去に行くと同時に蘇生《そせい》させなくてはならないのです。そのため映画では、転送先に病院の手術室を指定して、胸には「蘇生してください」というメッセージまで書かれていました。

このように、量子レベルに分解されたり、心停止したり、かなりリスキーなものとしてタイムトラベルを描く作品には、どこか他の作品とは一味違うリアルさを感じてしまいます。

未来が変わるタイミング

こうして、ダグは犯行当日の朝にタイムトラベルします。ここから過去の世界で犯行に巻き込まれるクレアを救うというストーリーになっていきます。

話を進める前に、ここまでで疑問に思うことについて少し考えてみましょう。それは、ダグを過去へ送った職員のその後です。

つまり、彼らの世界はどうなってしまうのか？　ということです。これは前にも書いたテーマでしたが、『デジャヴ』ではリアルタイムで過去の改変を観測しながら、現実の変化も観測できるというこれまでにない状況となっています。仮に物語とは無関係に、職員の真横にクレアの遺体を持ってきて、過去のダグの活躍を観測しながら遺体を観測するとどうなるのでしょうか。

ダグが無事に彼女を救ってテロを防いだのであれば、真横にある遺体は消えてしまうか、あるいは彼女は死んでいなかったように突然息を吹き返すはずです。もちろん、並行世界の立場でいえば、ダグが変えているのは、元の世界とは全く無関係の世界の過去なので、横にある遺体が目覚めることも、テロで亡くなった犠牲者がよみがえることもありません。

ここでは、仮に同じ世界だとした場合、どうなるか考えてみましょう。問題は、過去へとタイムトラベルしたダグの行動が、いつの時点で現実に何らかの変化を与えるのかということです。４日半前に戻ったダグの活躍を観測している職員らが、救えたと判断できる時点で、初めて現実世界で横にいるクレアがよみがえることになるのでしょうか？　テロの標的となった船の爆発を防いだ時点で、一斉に犠牲者がこの世に生きて戻ってくるのでしょうか？

映画の演出的には、もちろんそれでよいのですが、よく考えるとそうはならない気がします。それは生き返ることがないという意味ではなく、過去がいつ改変されようと、タイミングとは無関係に現実は改変されていてしかるべきだということです。１週間前の過去の改変であっても、１時間前の改変でも、現在の人にはどちらも等しい「現在よりも過去」という一括りでしかありません。過去の改変された時刻の差は、現在の変化にとって無関係のはずだからです。過去の改変が、一瞬で現在の改変にも影響しないと理屈にあいません。つまり、ダグの活躍の結末を見届ける前、過去に送った時点で、すでに横にいるクレアが息を吹き返さないとおかしいことになります。一瞬で現実は改変されるべきであり、それは過去で活躍するダグの行動の結末が、ある種すでに運命づけられていることにもなります。

この場合、観測している職員は彼女を救えるかの結末を、すでに現実の変化として知っている一方、過去へ戻ったダグは自分の未来の行動とその結末を一切知りません。それでは、仮にこの時点で意地悪な職員が偽の情報をダグに送って、テロを防げない結末になるよう指示したら、どうなるのでしょうか？　その瞬間にまたしても現実の世界は再改変されるのでしょうか？

タイムトラベラーの自由意志

私は、この偽の指示によって再び改変されることはないと考えます。すでにダグを過去に送った時点で、現実は過去のすべての行動の結果として一瞬で改変されるはずだからです。それは偽の指示に従うダグの行為も含めた一連の過去が起こった結果として改変されるはずです。つまり、現実に歴史が変化している以上、過去のダグをいくら操作しても、なんらかの原因により、その偽の指示に従わないダグの未来が運命づけられてしまっているのではないでしょうか。一番、映画的に考えやすいのは、何か変だと気がついたダグがテロを防がない指示を無視し、行動を自分で選択するというものでしょう。しかし、この自由意志ですら、織り込み済みのいわば運命行為そのものとなっている、そういった想像が浮かびます。

設定を同じにして今度は「過去と現在」ではなく、「現在と未来」に置き換えて考えてみましょう。

未来において、タイムトラベルとは言わなくても、過去を見て何らかの指示を出せるシステムがあるとします。その場合、未来人にとって現在に生きる私たちの行動は全てすでに起こった過去のものです。つまり、私たちの自由意志に基づいているとされる行動も、未来人からすれば運命的にすでに決まったものとなり、おかしなことになります。現在を生きる私たちの未来の行動が、ある種、運命として自由に決められない状態にあるということです。そうすると、この場合も自由意志は本質的にはなく、再改変するのはできない気がします。

ただし、現在の私たちにとってこれからの行動は、あくまで自分で決めることができるものであり、単に未来の結果としては、すでに決まっている、そんな状態なのではないでしょうか。

一方、並行世界の別の過去とコンタクトを取っているだけだと考えると、両者は全くの無関係になるので、すっきりと理解できます。しかし、この立場で言うと、ダグの行為は、観測している職員がいる現実とは無関係になります。ダグが変えられるのは、職員が残った世界の現実ではなく、ダグが移った別の世界の未来だけということになるのです。これら2つの世界が並行で無関係であるならば、それは夢の世界で別の現実を想像することとあまり違いがないのではないでしょうか。

縛られるダグの行動

さて、ここからは後半、犯行当日の朝から出来事を解説していきましょう。

病院で蘇生されたダグは、救急車で犯人のアジトへ向かいます。

現場に着くなり、救急車ごとアジトに突っ込むダグ。おそらく、このとき彼は「あの救急車は今自分が運転していたのか」と今の自分の行動が、すでにタイムトラベル前の世界にすでに織り込まれていたことに気がついたはずです。そして、わき上がってくるのは、これからどんなに頑張っても、あの事故が起きて彼女が亡くなる未来は決定しているのではないかという不安でしょう。のちのシーンでそんなセリフを一度吐きます。「大変だ（何も）変わってない」と。

アジトに監禁されていたクレアをダグは無事に助け出すと、２人はダグの負傷した身体の治療のために、クレアの家に向かいました。家につくと、ダグは傷口の出血をガーゼでふき取り、初めて彼女の家に入ったときの現場をまさに再現するかのように行動します。そして、ボードにあったマグネットを「君は彼女を救える」というメッセージに並び替えます。

ここで仮に実験的に自分の未来の行動を逆にしたらどうなるのでしょうか？　例えば、ダグはこの時点で、ボードのメッセージは自分が並び替えたものであることに気づいています。そこで、あえて並び替えず、メッセージを残さなかったとしたらどうなるのでしょうか？　今の行動がタイムトラベル前の世界に組み込まれていると考えると、次の３つが考えられます。

①ダグの行動は決定事項で、１つも自由意志に基づく行動がとれない、つまり並び替えないと決めても、並び替えないといけない状況に陥る

②彼の行動は自由に決定できる、しかしそれでも帰結は変わらない。例えば、ボードのメッセージはクレアがなぜか並び替えてしまうなど

③ボードには救出のメッセージはなかったと、自分の記憶が変化する

私としては、①のいかなる行動も決定されているというのがしっくりきますが、皆さんはいかがでしょうか。ここでもタイムトラベルにまつわる自由意志に基づく行動が取れるのかという問題が出てきます。

タイトルをきれいに回収

手当が終わると2人は爆破事件の現場へと向かいます。到着後、2人は爆弾を仕掛け終わったと見られる犯人を発見。ここから残り20分は、最初の冒頭から爆発の瞬間までの再現映像を別視点で見ているようになります。

この時点で未来はどちらにもなりえます。悪戦苦闘したものの、結局、船は爆発。2人は死んで遺体となって、この過去のダグに発見されるという、これまでとなんら変わりないという未来も十分成り立ってしまいます。

では、実際の物語はどうなったのでしょうか。

船は爆発することなく、大勢の人が助かりました。一方で、2人は爆弾を載せた車に閉じ込められたまま海に沈んでしまいます。クレアはダグの助けによりなんとか生還。しかし、ダグは爆弾を載せた車から脱出できず、爆発に巻き込まれ死んでしまいます。

クレアは生還したあと警察官に保護されると、事情聴取を受けることになりました。そして、そこに現れたのが過去のダグです。

事情徴収のなかでダグは、何か引っかかっているような、思い出しているような表情を何度も見せます。すると、クレアは「秘密を打ち明けて相手が信じなかったら」と尋ねます。一呼吸置いて「あきらめない」と言うダグ。急に何かに気づいたような表情で笑い、「まさか！（これってデジャヴ）」と言って映画は終わります。実は、クレアの家で2人は同じやり取りをしているのです。このカッコの部分は、私の勝手な妄想です。

あえて映画では、「まさか！」までしか言いません。別の時間軸の自分と、タイムトラベルした自分の記憶がごっちゃになって混ざり、それがデジャヴとなっているというような雰囲気を匂わせています。「あれ懐かしいかも」と思えるデジャヴに出会ったとき、実は、別の世界でこんな大がかりなタイムトラベルを自分が経験していると考えると面白いですね。

ダグは何回目のタイムトラベラーなのか

さて、ここまで見て、冒頭の死体袋のなかの人物の話に戻りましょう。これは過去にいったダグ本人ではないでしょうか。つまり、この映画の大部分で描かれているのは、２度目のタイムトラベルをするダグであり、その前に少なくとも１人はタイムトラベルをしたものの、犯人を捕まえられず、クレアは救えず、テロを防ぐことに失敗し、死んでしまったダグがいるということです。もしかすると、この救出のために、何度もタイムトラベルをしている可能性さえあります。

ラストシーンのダグの今後についても少し考えてみましょう。彼はこの先、もう一度タイムトラベルをすることになるのでしょうか？

少なくとも、水死体のなかから、なぜか自分の遺体と対面するという不思議な体験をすることにはなりそうです。これを不審に思って事件を調べていくと、またＦＢＩの特殊部署からタイムマシンを紹介されるかもしれません。そして結局、過去へと旅立ち、またしてもそこで死亡するという、ある種ループのような運命から逃れられない構造になっている気がします。それに、テロは未然に防げたので船の人は無事ですが、肝心の相棒のラリーは死んだままです。なので、彼を救うために、もう一度過去に戻ることが自然な流れのような気もします。

『デジャヴ』はこういった点も踏まえて見返すと、さらに深みのあるストーリーに感じられるはずです。ほかにも、この映画では少なくとも同じ時刻に2人のダグが存在しており、たまたま過去に向かったダグと、もともと過去に存在したダグの接触はありませんでしたが、これもどうなるのか非常に興味があります。『12モンキーズ』では、この行為は触れるだけで爆発、消滅してしまうパラドックスという架空の現象で表現されています。粒子・反粒子の消滅のような描写に近く、素粒子物理学的になにか面白いことが起きたらと期待してしまいます。例えば、物質を構成するフェルミオンという粒子は、同一空間に重なることができないパウリの排他律を持っています。これが直接、パラドックスにつながるかは不明ですが、これまで物理学が全く想定していない「同一時刻における同一粒子の重なり」には、興味があります。

過去の白分との接触を描いた作品には、手塚治虫の『火の鳥（異形編）』もあります。主人公はある寺の住職を殺しにいきますが、殺したあとにその寺を出ると、時間が過去に戻っていることに気がつきます。そして、主人公自身はそこで僧侶となり、いつの日か訪れる自分に、殺害されるのを待つようになります。先ほどのパラドックスを、こちらは因果応報になぞらえて語る、ループする悲惨な運命として描いています。こうしたタイムトラベルが起こす不思議な矛盾に、ぜひあなたも映像を止めて一度ゆっくり考えてみるのも一興ですよ。

第3章

「逆行」という新しいタイムトラベル
『TENET』

時間を逆行する

時間が戻るＳＦ作品として斬新な描き方をしたものが、映画『ＴＥＮＥＴ』です。

これは時間を逆行するという現象を題材にしています。これまでのようにワープして過去に行くのとは異なり、時間が逆行する世界で、実際に時間の経過を体感して過去に戻ります。

おおざっぱなストーリーは、主人公が世界を救うために、相棒のニールと協力して、ある悪人を捕まえるというものです。銃撃戦をしたり、潜入したり、カーチェイスをしたり。劇中では何度も敵との戦闘が繰り広げられますが、敵のなかには未来の自分がいたりもします。

映画のタイトル『ＴＥＮＥＴ』とは、もともと古代の謎の回文から来ています。これは西暦79年にイタリアのヴェスヴィオ火山の噴火で消えた街の遺跡から出土した石板に刻まれて

『TENET テネット』デジタル配信中、ブルーレイ 2,619円（税込）／DVD 1,572円（税込）、発売元：ワーナー・ブラザース ホームエンターテイメント、販売元：NBC ユニバーサル・エンターテイメント

います。２００人以上が消えたポンペイの街は有名ですが、その近くのヘルクラネウムという町の遺跡です。

「ＴＥＮＥＴ」という英文は、上から呼んでも下から読んでも同じ、いわゆる回文にあたります。石板には図表３‐１のように、「ＳＡＴＯＲ」「ＡＲＥＰＯ」「ＴＥＮＥＴ」「ＯＰＥＲＡ」「ＲＯＴＡＳ」という5つの文字列が右から縦に並んでおり、横方向にも縦方向にも、同じように読むことができます。直訳すると、「農夫のアレポ氏は馬すきをひいて仕事をする」ですが、それ以上に深い意味があると一種オカルト的に信じられているものです。

この回文は、映画のテーマである時間の逆戻りにもかけています。石板の文字も、映画に登場するものとリンクしており、

ＳＡＴＯＲ（セイター）＝悪の組織ボスの名前
ＡＲＥＰＯ（アレポ）＝ゴヤの贋作者の名前
ＴＥＮＥＴ（テネット）＝過去に戻るための装置？　組織の名前？
ＯＰＥＲＡ（オペラ）＝冒頭のオペラ
ＲＯＴＡＳ（ロタス）＝映画でオスロ空港に美術倉庫を建てた会社

R	O	T	A	S
O	P	E	R	A
T	E	N	E	T
A	R	E	P	O
S	A	T	O	R

図表3-1　ヘルクラネウムで見つかった石板の回文

などです。また、相棒であるニールの正体についても、この回文がヒントになっていると言われています。

相棒の名前の由来

主人公は世界を守るとともに、キャットと呼ばれるヒロインとその息子も守ります。

これは余談ですが、主人公を演じているジョン・デヴィッド・ワシントンは、『デジャヴ』の主人公であるデンゼル・ワシントンの息子さんです。親子そろって、時空を旅して、世界と美女を救うというストーリーの映画に関わっているとは、なんとも因果のような印象を受けます。

そして、このヒロインであるキャットの息子が、実は一度も顔が画面上に出てきません。うしろ姿や金髪の髪だけしか描かれていないのです。ファンの間では、この少年こそのちに相棒となるニール本人なのではないかと目されています。

つまり、主人公は未来でニールとなる少年を救っているということです。また、このニールこそが、この任務遂行のときに、過去に戻り自分を救う人物でもあります。そうすると、少年を救う・未来の少年に救われるという一種の回文的なストーリーとして見ることもできるのです。

その１つの都市伝説のような根拠が、キャットの息子の名前「マックス」です。正式名称は「Maximilien」ですが、これを回文のように逆から読むと、最初の４文字が「Neil（ニール）」となります。さらに、「Maximilien」を分解して次のようにハイフンで区切って「Max-imi-lien」とし、前後からそれぞれ読もうとすると、「Max I'm」と「Neil I'm」と捉えることもでき、「m」を介してそれぞれ文がつながっているようにもなっています。これは一定の説得力のある映画の裏設定といえるのではないでしょうか。

一般的なタイムトラベル

さて話を、『ＴＥＮＥＴ』でのタイムトラベルに絞りましょう。

冒頭でも述べた時間を逆行するとはどんなタイムトラベルなのでしょうか。

図表3‐2をもとにこれまでのタイムトラベルの時間の流れをあらためて復習しながら整理してみましょう。

一番上の段のものが、通常の時間の矢です。孤立系で、つねにエントロピーが増大するという法則が、宇宙全体で成り立っています。この矢印の世界では因果律によって、どんな現象も原因によって結果が導かれます。例えば、絵のようにコップが倒れることを想定すると、A：コップが倒れることで、B：ジュースがこぼれて、C：床が汚れます。

続いて図表3‐2の2番目の矢印は、普通に考えるタイムトラベルというものです。タイムワープともいえます。過去のある時点に飛んで、そこからは、通常の時間の流れに従うというものです。『バック・トゥ・ザ・フューチャー』など一般的なタイムトラベルはほとんど全てこの方式です。コップのジュースの例で説明するならば、コップが倒れてジュースで床がこぼれたあと、倒れる前までの時点にワープするということになります。

3番目の矢印は、『デジャヴ』のときに説明した並行世界でのタイムワープです。

2番目と基本的に似ていますが、2番目は未来からワープしてくることが、その世界の過去の歴史にそのまま組み込まれているので、大きな改変ができない世界です。一方、3番目

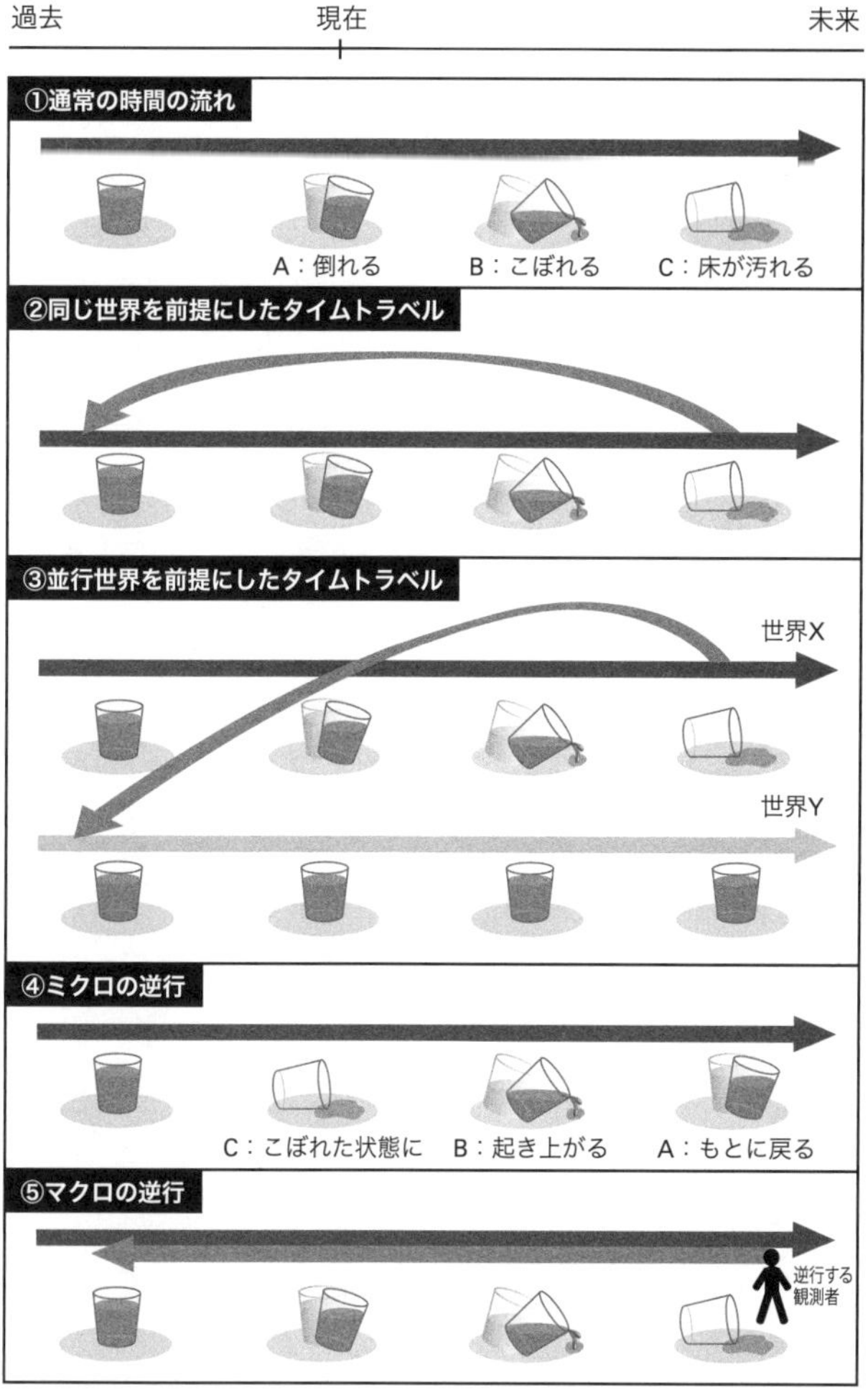

図表3-2 タイムトラベルの種類と時間の流れ

は、もっとも自然に映画のような過去を改変する場合のタイムワープが可能です。もともと世界ＸとＹが存在し、Ｘの現在から過去にワープすると、Ｘの過去ではなく、Ｙの過去に移動します。そこで歴史を大きく改変しても、変化するのはＹの現在ということです。これなら全体（タイムトラベル前後の世界）も矛盾が起きない構造になっています。コップで例えると、ジュースがこぼれたあとにタイムワープして着いたコップが倒れる前の世界は、元の世界と同時に存在している別の世界ということになります。

時間を逆行するとは

　ここまでは『ＴＥＮＥＴ』以前のＳＦ映画によく見られた２つのタイムワープをおさらいしました。次からは本題の時間の逆行についてです。

　時間の逆行もタイムワープと同じように主に２つのタイプがあります。『ＴＥＮＥＴ』では、そのどちらもが登場しますので、ひとつひとつ見ていきましょう。

　１つ目は量子力学を代表とするミクロな時間の逆行です。これは、本来は素粒子レベルの現象であり、量子コンピュータのエントロピーが逆行する現象として観察されています（より詳しい内容は『時間は逆戻りするのか』をご覧ください）。

図表３‐２では、４段目がミクロな時間の逆行にあたります。仮にジュースがこぼれる現象に関してだけ、このエントロピーの逆行が起きれば、結果が先行し、最後に原因がくる、時系列の逆転が起きます。つまりＣ→Ｂ→Ａとなります。

前後の時間も含めて全体の流れも見てみましょう。まず、この逆行の魔法がかかったコップが目の前にあります。これを手に取った瞬間が現在です。次の瞬間いきなり、Ｃの床にこぼれたジュースの状態になります。「えっ！」とそのギャップに驚くでしょうが、慌てる必要は全くありません。すぐにＢとなりＡに戻ります。つまり何もなかったようにもとに戻るのです。そのあとに、またジュースがこぼれることも考えられますが、それだと現象がループ再生し続けてしまいます。ですからシンプルに、結論と原因が逆の順番で起こって、もとに戻って終わりです。あとは、ただの時間の流れに戻るだけです。

ミクロの逆行とは、このようにある小さいスケールの現象に関する順序の逆転だけなので、「未来の予言」が起こるだけで、最終的には何もなかったことと同じです。それ以降は、普通の時間の流れに戻ります。この手の逆行は『ＴＥＮＥＴ』でもたびたび登場しますが、結論が先に現れるので、実は怖いシーンも本当は全く怖くないのです。例えば、銃痕が壁に刻まれているシーンから始まるものがあります。これも、壁に血液がついていないのであれば、この銃撃戦では誰も被弾しないことが、あらかじめ分かってしまっているのです。あとは、単に流れに沿うだけの行動なのです。

逆再生を認識できるか

もう1つの時間の逆行は、マクロな時間の逆行です。

これはサイクリック宇宙論で説明することができます。詳しい説明は省きますが、この理論で説明される世界は、時間の始まりなどなく、時間の順行と逆行が交互に繰り返されており、逆行の際は全ての現象が通常の逆戻りとして進行していきます。いわば宇宙全体の逆再生という状態です。正確には、時間の順行と逆行を認識できるのは、(この宇宙の外からの)観測者だけになります。初めからこの世界の住人は、逆行なのかどうかも気がつきません。比べるものがないのです(こちらも、より詳しい内容は『時間は逆戻りするのか』をご覧いただければと思います)。

エントロピーが増大する私たちにとって普通の時間の流れの世界を、時間が逆行するものとして観測するためには、エントロピーが減少する世界の住人が来て、観測しないと成立しません。例えば、うしろ向きに歩行する車がいっぱいある世界にあなたが紛れこんだとします。車が逆向きに走っているとあなたは驚きますが、その世界では、うしろ向きに進む車の移動こそが、自然な動きだとみんなが認識しているので、誰も不自然だとは思いません。あなたがいくらこれは時間が逆向きに進行している世界だと主張しても、あなたの元いた世界の時間の流れと物の変化を自然だと感じることができなければ、その世界の住人は時間が逆向きなのか、あるいは不自然な動きだとは気づけないのです。

映画では、逆の設定で、この世界に、時間が逆行する世界のものや時間が逆行する状態の観測者が現れます。図表3－2で言うと、5段目の矢印にあたり、普通の世界の時間の流れを示す矢印と、そこに逆向きの矢印にしたがっている観測者が同時に存在しているということです。この観測者によってのみ、時間が逆行する世界として見えるのです。科学的には、かなり飛躍したタイプの逆行です。しかし『TENET』では、ある装置を利用すると、自分自身がこのエントロピーが逆行する状態となることができ、現実世界を時間逆向きで活動できるようになります。これが過去へ戻る手法のカギとなるものです。

映画では、観測者は時間のなかをワープもしません。ただ観測するだけで、相対的に自分以外の全てが時間逆向きに進行していきます。これを利用して「時間逆行＝過去に戻る」を成立させています。ただし、特定の過去に戻るには、戻る分だけ待たなくてはなりません。

1週間前の過去に戻りたければ、時間が逆向きとなった世界で1週間過ごす必要があります。

どうしても気になってしまった設定

『TENET』のタイムトラベルの原理については、映画のセリフから考える限り、「陽電子は逆行する電子」と言っているように、おそらく反物質を利用しているはずです。しかし、仮にある人物の原子全てを反粒子にした場合、私たちの世界のもの（粒子）に触れた瞬間に、対消滅をして消えてしまいます。つまり大気中の分子でさえも、その人物を抹消《まっしょう》する兵器となってしまうのです。映画ではマスクをして呼吸していましたが、その程度では解決できない問題だといえます。

　また、時間が戻る、つまりエントロピーの減少というイベントは、あくまで孤立系という大前提が必要です。孤立系とは、エネルギーの供給や発散など、外とのやり取りが全くない状態のことです。例えば、散らかった部屋を自分が掃除してきれいにする場合、部屋の様子だけ見ればエントロピーは減少したといえますが、掃除をしている自分（外）が手を加えてしまっています。時間が逆行したというのは、孤立的でエントロピーが減少して初めていえるのです。仮に『TENET』のようにエントロピーが減少するものがあっても、それに触れてしまったり、それが外界と接したりした段階で、孤立系ではなくなってしまうので、この点も映画の世界と物理的世界では大きく異なっているといえます。

一方で、物語のカギとなる「時間を戻る方法」の見せ方はとても良いと思いました。

これまでのSF映画のようにスイッチを押して戻るという簡単なものかなぁと思い、映画を見ていたのですが、回転扉のような仕組みで逆行する世界に入るとは。なかなか面白い演出です。詳しくは、ぜひ映画で見ていただきたいのですが、回転扉へと続く通路は、片側の壁がガラスのようになっていて、その回転扉に入るときは、扉から出てくる未来の自分の逆行している姿を見ながら入るという設定になっています。単にスイッチだけで時間が戻る状態になるのではなく、時間が正に進む状態と、反転して時間が逆向きに進む状態が、透明なガラス越しに対称的に映って描かれています。時間が逆転する転換点が回転扉という演出によって、時間のターニングポイントであることが視覚的によく分かるので、実にうまい演出といえます。他にも、「逆行する状態では、マスクをしないと呼吸ができない」といったことをあえて説明なしで、細かく設定して演出しているのが、この作品の魅力ともいえます。妙にリアルに感じさせてくれるのです。

第4章

殺人マシンは5次元世界を旅してきたか

『ターミネーター』シリーズ

機械と人間、どっちが容易？

続いてはタイムトラベルにおける転送物の再構築とタイムトラベルの新たな方法論について、『ターミネーター』シリーズを通して少し考えてみましょう。

もともとは映画で始まった本作品ですが、その後ドラマシリーズが『ターミネーター：サラ・コナー・クロニクルズ』としてシーズン2まで製作されました。内容はご存じの方も多いかと思いますが、未来において、発展した人工知能により人類に反旗を翻《ひるがえ》したロボット軍と、生き残った人類の抵抗軍との戦争がテーマです。しかし、主に描かれるのは、その未来の戦争のほうよりも、未来から現在に刺客として送り込まれるロボット（ターミネーター）と、主人公を守るターミネーターとの攻防です。主人公のサラ・コナーの息子は、未来で抵

「ターミネーター：サラ・コナー クロニクルズ〈ファースト・シーズン〉」ブルーレイコンプリート・セット（3枚組）6,788円（税込）／DVD 2,739円（税込）、発売元：ワーナー・ブラザース ホームエンターテイメント、販売元：NBC ユニバーサル・エンターテイメント

抗軍のリーダーになるので、ロボット軍はその前に未来からタイムトラベルをして生まれる前に阻止しようと企てます。

個人的には、ドラマ版のストーリーが面白いと思っています。それは、サラの息子、ジョン・コナーが青年期を迎えて、抵抗軍のリーダーになるまでの成長過程を描いているからです。また、ジョンを守る未来から送り込まれたターミネーターも、シュワちゃん（アーノルド・シュワルツェネッガー）のようなコワモテのおじさんではなく、超美人なキャメロンという女性モデルのターミネーターなので、一見、殺人マシンだとは分かりません。その意外性が物語により広がりを与えて、面白みをグッと上げているように思います。他にも映画ではシリアスの連続ですが、ドラマ版ではそれだけでなく、コメディあり、のどかな学園風景もありで物語の厚みを与えています。

この作品では、基本的にタイムワープすると、転送先で光の玉が突然現れて、そのなかから未来からの使者が裸で現れるという定番の演出があります。

ここで、タイムワープにおける転送をあらためて考察してみましょう。

これまでタイムワープの原理として、少なくとも量子状態に分解して転送されるべきだということを述べてきました。つまり、転送先では、必ず量子状態のミクロな粒子からマクロな物体に再構成しなくてはいけません。

そこで、転送する物質として生物の身体と無機物などの金属を比べてみると、再構成しやすいのが金属であるといえます。例えば、鉄であれば、たった1種類の元素が無数に整然と並んでいるだけの単純な構造ですが、有機体である生物ではそうはいきません。DNA1つとってみても、炭素や水素、窒素など数種類の元素を、複雑に立体的に構築する必要があります。ですから、マクロなものを転送する場合、物質や無機物を転送するほうがはるかに簡単だといえます。そう考えると、生物の身体を送るよりも服や武器を送るほうがむしろ容易な気がします。つまり、人間を送る場合、身体と着ている服でどちらが転送させやすいかといえば、服ということです。転送先での再構成を考える限り、裸の意味は全くありません。身体が再構成できる技術があれば、服などもっと容易に転送できてしまうはずだからです。

ワープ先の年代を知る現実的な方法

このドラマ作品のある回では、未来から時間を間違えて転送されてしまったターミネーターの話が登場します。時代を数十年ほど間違えて、禁酒法時代のアメリカに行ってしまったようです。

前にも触れましたが、戻る時刻の設定と実際にタイムワープした時刻は本来ならずれが大きくなると考えられます。『12モンキーズ』でも1週間単位でずれていました。その点では、数十年単位でずれてしまうのも納得してしまいます。

さて、そこで1つの疑問が出てきます。

このターミネーターは、果たして間違って転送された時代や年代を正確に測定することができるのでしょうか。

人間なら、さしずめ新聞の日付を見て確認といったところでしょうか。ドラマでは、「3つの星の視線方向の速度を測定して」と説明していました。実は、これはなかなかいいアイデアだといえます。正確には、「視線方向の速度」ではなく、「固有速度」と言うほうが正しい気がします。その違いを見ていきましょう。

まず、星座は1日の地球の自転運動によって空のなかを移動しますが、これはご存じの通り星の移動ではありません。単に見ている私たちの地面が移動しているせいです。

そこで、地球の自転や太陽のまわりを回る公転運動など、いろいろな視点の移動による見かけの運動を取り除くと、星本来の固有の運動が分かります。これが星の固有速度です。実は、宇宙空間に静止していると思える星も猛烈なスピードでそれぞれ移動し続けています。

変わらないと思われている星座の形も数万年という長い年月で見ると、形状が変化します。

さらに、このような星の固有速度をよく調べてみると、我々に対して奥行き方向に移動している成分があります。つまり、相対的に太陽に近づいている、あるいは遠ざかっているといった具合です。これが視線方向の速度です。

ドラマのシーンでは、星が視線方向（前後）だけでなく、左右上下に移動している様子が描かれていたので、これはあくまで固有速度と見るべきでしょう。これを正確に測定できれば、原理的には年代などを測定することは可能です。ただ、いくら未来の技術で作られた正確なロボットの観測とはいえ、一度空を見上げただけではるか彼方にある星の固有速度を測定するのは困難を極めると思います。

その代わりとして、より早く現実的な方法だと考えられるのは北極星の位置をもとにした年代の測定です。

実は北極星も時代によって変化していきます。今は、ポラリスという星が該当していますが、地球の歴史上では地軸の北にちょうど位置する星がない時代や、別の星が該当する時代がありました。例えば、過去においてはエジプト古王国時代の紀元前３０００年頃にりゅう座のトゥバンという星が、未来においては西暦４０００年頃に、ケフェウス座のエライという星が北極星に該当します。

　では、なぜずれてくるかというと、止まる直前の芯をフラフラさせて回るコマを想像してみてください。これを歳差運動と言いますが、地球も長時間で見ると、まさにこのような芯がフラフラして回るコマのような回転運動をしており、地軸はつねに一定の方向を向いているのではなく、円を描くように移動します。そのため、地軸が指す方向も年代ごとに変わり、北極星も変化するのです。この周期は、およそ２万６０００年と見積もられています。

　北極星の位置は、このように規則正しく周期的に変化しています。時計を想像してみてください。針を見れば瞬時に時刻が分かるように、正確に歳差運動が計算できれば、到着した時点での北極星（地軸の指す方向）からその時代を言い当てることができます。ただし、２万６０００年以上もずれると、１周してしまうので、区別がつきません。まぁ、そこまでさかのぼると文明がそもそもないので、もっと簡単に分かると思いますが。

　また、北極星の位置は日周運動の不動点を探せばよいので、一晩の観測で知ることができるでしょう。人であれば北極星を観測しても、年代をピタリと当てるのは観測の精度的に難しいと思いますが、ターミネーターであれば精度よく観測して、数年・数か月単位で年代を測定できるのではないでしょうか。

タイムトラベルの裏技

この章の最後は、あらためてタイムトラベルの方法論について考えてみたいと思います。少しイメージしづらい話が続きますが、なんとなく想像してもらえればそれで十分ですので、あまり気負いせずに進んでみてください。

これまで、ワープによる時間の移動は、暗にワームホールのようなトンネルを仮定してきました。しかし、時間と空間を1つにした4次元の時空多様体の存在を考えると、必ずしもそれだけがタイムトラベルを解釈するアイデアであるとはいえません。次元を増やして、移動するという裏技もあります。例えば、次元を1つ増やした5次元多様体を考えて、そこでの移動によって、4次元時空上ではあたかも突然移動したように見せることは、原理的には可能かもしれません。

もう少し具体的に考えてみましょう。

高次元の宇宙を説明する理論として、統一理論の候補でもある「ブレーン宇宙」という5次元宇宙モデルがあります。

このモデルではまず、図表4－1のように私たちが存在する時空（空間3次元＋時間1次

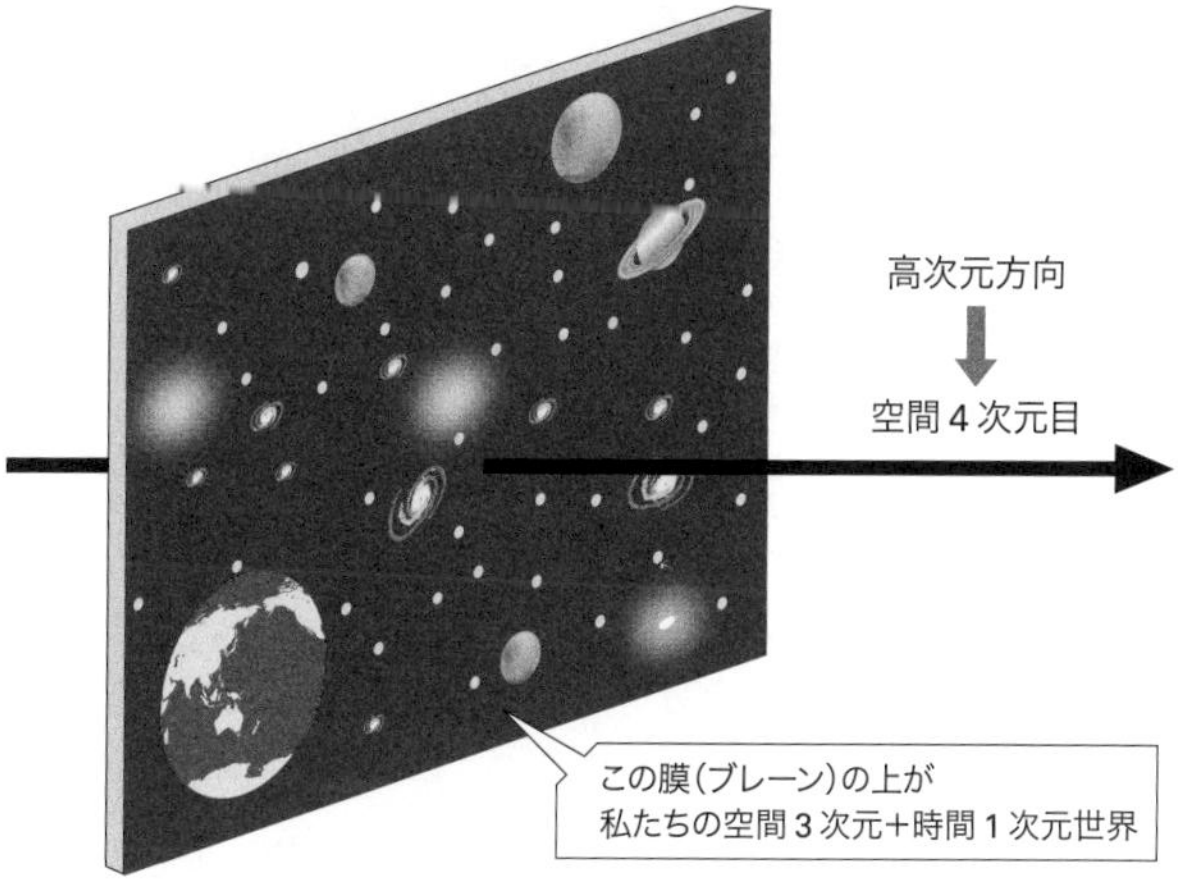

図表４-１　５次元目に空間をとったブレーン宇宙

元）はブレーンと呼ばれる膜の上に組み込まれていると考えます。さらに、そこから考えをもっと発展させて、この膜そのものが４次元目の空間方向に移動できるとします。これがブレーン宇宙と考えられているものです。膜の上にいる私たちは、この第５の次元を観測することは基本的にできず、唯一、この次元を伝播できる重力波を通して、観測できるとされています（もう少し詳しい内容は、のちほど『インターステラー』を紹介する際に触れます）。

　おそらく、このような宇宙であれば、４次元目の空間方向の移動により、一瞬で別の場所に移動することは可能かもしれません。ただし、時間の移動、つまりタイムトラベルは、時間の次元が膜の上の私たちと同じ1次元であることから、できないのではないかと思います。

他方で、特殊なモデルとして、時間軸を2つ持つ宇宙モデルもあります。これを5次元目の軸に選ぶと、この新しい時間軸を用いて、4次元宇宙における別の時間に移動できるかもしれません。

空間で考えてみてください。今まで1次元で直線上だけでしか移動できなかったものが、2次元目の空間方向が増えると、平面内を移動できます。そのため、うまいルートをとれば、直線上の別の場所に移動することが容易になるはずです。ただし、結局遠くに行こうとすれば、そのぶん移動距離も長くなります。

これを時間で解釈すると、例えば、この2次元目の時間軸を用いることで、過去へは行けるようになるものの、ワープではなく、あくまで1週間前なら1週間分の時間がかかるということになりそうです（図表4－2）。ある意味、『TENET』の時間を戻る方法と似ているかもしれません。それでも、ここにワームホールも加えることができれば、時空多様体の距離がショートカットできるので、うまくいくかもしれません。

以上のことを考えると、一瞬で現れる光の球のような演出は、高次元の移動をしていると

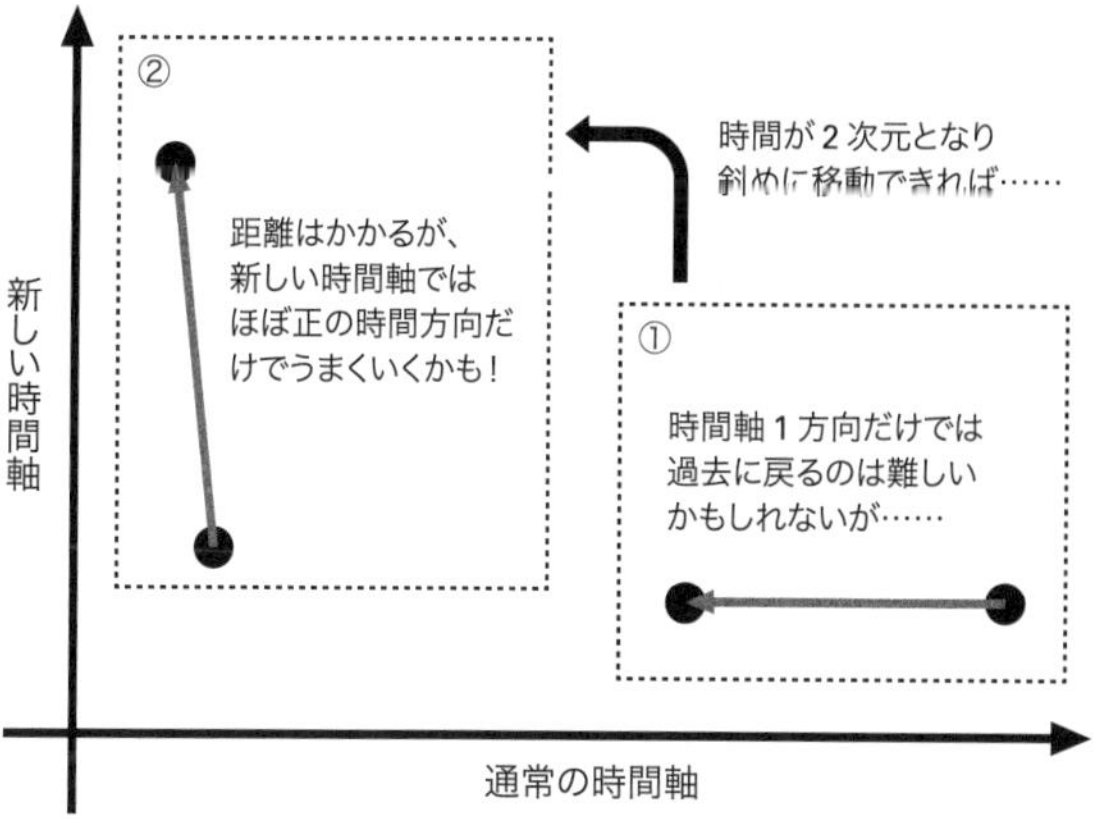

図表4-2　時間軸を2つ持つ宇宙モデル

すれば、ありえるのかなとも思います。つまり、椅子に乗った人や乗り物が突然現れるよりも、空間そのものが切り取られて突然現れる演出のほうが、それらしいかもしれないということです。これはあくまで個人的感想と思ってください。

いずれにしても、タイムトラベルが難しい1つの理由は、この世界の時間軸がなぜか1つしかないという性質に大きく起因します。仮に2つの時間軸があれば、途端に、タイムトラベルは容易になってくるでしょう。空間が3次元なのに、なぜ時間も対称に3次元になっていないのか。実はよく考えると不思議な気がしますね。

第5章

限りなく時が止まった世界を体感するには？

『HEROES』

『HEROES/ヒーローズ』ブルーレイ バリューパック、シーズン1～3 各：7,110円（税込）、発売元：NBCユニバーサル・エンターテイメント

全てが「止まる」世界の可能性

さて、ここまではあくまで時間の移動に関するテーマを扱ってきましたが、時間を止めるテーマに関しても少し見ていきましょう。

海外ドラマの『HEROES』に出演する日本人キャラでヒロという人物がいます。ヒロは、時間を止める能力を持っています。正確に劇中の表現でいうと、「時空間を操る能力」です。つまり、ワープのような空間の移動もできますし、もちろん時間を戻ってタイムトラベルもできることになっています。それも、能力発動のトリガーは目的地を想像するだけ。まさにヒーローといえる無敵キャラですね。

ただし、タイムトラベルの能力は、到着する時間をコントロールするのが難しいようで、想定していた時刻から、かなりずれた時間に行ってしまうシーンが多いです。これは能力発動のトリガーが関わっていそうです。空間移動の場合なら、景色の違いや国のイメージを容易に想像できるので移動先のコントロールはしやすそうですが、過去や未来の時間にするとなると、バブル時代や大正時代のようなざっくりとした違いは想像できても、細かい年月日の違いを明確に想像するのは難しいのではないでしょうか。また、タイムトラベルをしても、過去を改変できるかは微妙な立場として描かれており、「結局何をやっても変えられないや」ということをぼやいています。

一方、空間移動と時間を止める能力は、劇中でかなり活躍します。とくに時間を止めて、自分だけが動ける空間でいろいろなトラブルを回避していきます。似たような能力の設定に、『ジョジョの奇妙な冒険』に登場するディオというキャラクターがいます。彼は「ザ・ワールド」という能力で、ヒロと同様に、静止した時のなかを移動して相手を攻撃してきます。

ここで、時間が止まっている空間とはどんなものか、少し科学的に考察してみましょう。

もちろんこの能力の仕組みを説明できるわけではないのですが、少なくとも本人が普通に行動できているので、重力やその他の力を変更しているわけではないようです。よく空中に浮かんでいるものが、そのまま静止しているような演出が出てきます。別にそれがいけないというわけではなく、一体どのような仕組みで重力が作用する空間で、落下せずに静止し続けられるのか不思議に思います。重力があって下向きに力がかかっている以上、浮くためには、全ての物体に上向きの力をかけないと浮き続けることは難しいでしょう。

　物理的に時間を止めることは可能かと聞かれれば、もちろん無理だといえます。それは、そもそも絶対的に静止している状態が存在しないためです。量子レベルでは、つねに原子も分子も振動をしています。いくら絶対零度と呼ばれるマイナス２７３度に到達して、全ての物質が凍結しても、量子力学的には、それは静止状態ではありません。したがって「時間を止める＝全てが完全に静止する」という状態は実現できません。

　そもそも、自分以外の全ての現象を止めることが完全に成り立ってしまうと、光さえも届かなくなるはずです。つまり、真っ暗になるか、もしくは暗闇に立っている状態になるか。いずれにしても、だいぶ行動の自由がきかない状況だといえます。

疑似的な時間停止はできるけれども……

　見方を少し変えて、実はわずかながら、ゆっくりと動いているだけとも考えてみましょう。これだと相対論的には可能な話です。日本のドラマ『ＳＰＥＣ』でも、このような時間停止に近い能力を持つ少年が出てきますが、その少年も相対論を考慮したようなコメントをしていました。自分が超スピードで行動できる、そのため流れる時間が、まわりの時間の流れと大きく異なる能力である、と。しかしこの場合、相対的であるということが最大の問題になります。

　自分が光速近くで移動すると、まわりの物体の運動は全てゆっくりと経過するように見えます。ただ、このときの時間の経過も実は、相対的な違いであるというのが相対論の帰結です。つまり、まわりの人からすれば、この光速で移動する人物の時間がゆっくりと進んでいるのです。ただし、光速で移動する人自体を観測することが無理な話で、時間がゆっくり進んでいるのを「見る」ためには、きちんと比較するそれぞれの時計を用意しなくてはなりません。しかも、観測にはこれらの時計をびっしりと敷き詰めて、空間的な同一点で比較しなくてはいけないので、文章で簡単に表現している、人間の目で見えるという意味の「見える」とは、大きく異なることを注意しておきます。

　よって、ＳＦでの設定では、必ずその能力者だけが絶対的な時間の支配者となっていますが、相対論でいえば、その能力者以外のまわりの人たちが、単に能力者の変な行動を目撃しているだけという状態になります。もちろん、光速度での移動という設定だと、どちらにしても見え方云々《うんぬん》が一瞬で、少し意味のない議論となりますが、一応そういうことになっています。

ちなみに、光速で移動する代わりに、ブラックホール近傍に行くというのも1つの手です。ここでは、光速で動くのと同様に時間が遅れる効果が強くなります。

理論的には、ブラックホールの事象の地平線と呼ばれる、光も出てくることができない地点では、時間の経過する刻み幅がゼロとなって、実質時間が止まるように見えます。これは、ブラックホールから十分離れた観測者からそう見えるということで、ブラックホール近傍の本人は、この遅れは一切認識できません。例えば、ブラックホールに突っ込む人が、手を振り続けてお別れをしているとしましょう。この動作は遠方の人からすると、見かけ上、手を振る動きが徐々に遅くなり、やがて地平線に到達するときに停止します。しかし、当の本人は、何ら変化を感じることなく、手を振り続けているだけです。

物理学者の気になること

先ほども言ったように、光速移動や重力による時間停止の疑似的な再現において、ＳＦと現実の最大の違いは、止まっていると思っているまわりが、実は、相対的にしっかりと能力者やブラックホール近くにいる人を観測しているという点です。つまり、まわりからすると、逆に彼らこそが止まっているように見えているかもしれないということです。ブラックホールまわりの時間の停止を考えてみてください。ブラックホール付近の人から見ると、遠くの人の動きが止まって見えて、逆に遠くの人からは、ブラックホール付近の人の動きが止まって見えるという相対的な関係にあるということです。なので、例えばこの止まって見える時間のなかを好き勝手に移動していると、次の瞬間、車に轢《ひ》かれてしまうということも十分考えられるということです。見かけ上止まっているのと、実際に止まっているのとでは全く違います。まわりを間違って認識する可能性が高いので、事故りやすいといえますね。自分の力を過信しないようにしたいものです。

　他にもＳＦ作品では、撃った銃弾が空中で止まっているシーンが出てきますが、これも相対論的に見かけ上「静止して見えているだけ」ならば、大変に危険な行為ですね。実際は、猛スピードで飛んでいるのに、誤認している状態です。仮にフィクションとして、自分以外が完璧に止まっていたとしても、先ほどのなぜ空中に浮いていられるのか問題がもう一度出てきます。また、どこかのＳＦ作品では、銃弾の軌道を変えて、かつ銃弾をトントンと小突いて、運動量を加え続けて加速するような描写が出てきますが、仮に、静止した状態で運動量が蓄積されるということであれば、実は最初に空中にある弾に触れた時点で、自身の手を銃弾が貫かないとおかしいことになりそうです。すでに相当の運動量を持っているはずですから、手で触ること自体が危険な行為ですね。

他にも「時間を止める＝空中で静止している」というのは、イメージしやすいですが、力学的に説明しようと思うと、力の作用そのものを変えないと実現しそうにありません。例えば、離陸後の飛行機が、時間が静止した世界でも空中に浮いていられるのでしょうか。機体を浮かせている浮力は、羽根を通る空気の速度差によって生じるので、止まっている状態で維持させるためには、別の浮力の機構が必要です。まぁ、細かいこういった指摘をしたらキリがありませんが、こうしたことがこの手の能力を見ていて、私が少し気になるところです。

ホーキング博士のタイムトラベラー実験

これまでさまざまな種類のタイムトラベルを見てきましたが、時間編の最後では、現実にタイムトラベルについて実験的な試みを行った学者を紹介したいと思います。

その方は、もう亡くなってしまいましたが、イギリスのホーキング博士です。私も、３年ほどケンブリッジ大学で彼の研究室にお世話になっていたので、馴染み深い人物です。

彼は、タイムトラベラーがいるかということを確かめるためのある斬新なパーティーを企画しました。それは、パーティーを開催して終わったあとに、招待状を公開するというものです。つまり、ただ単に自分だけの秘密のパーティーを企画して、後日、タイムトラベラーに向けてその招待状を一般公開するというものでした。実にユニークなアイデアですね。

もちろん結果は誰も来ませんでした。しかも、このパーティー終了後に招待状を公開する時点で、それが失敗することもすでに本人は分かっており、なんとも空しい作業となったはずです。ただのボッチのパーティーで終わってしまった本実験ですが、仮に誰かが来たらどうなっていたのかを、少し思考実験してみたいと思います。

まず、ホーキング博士の思惑通りに、未来でその招待状を見たタイムトラベラーが、過去に戻ってパーティー会場に現れたとしましょう。しかし、その時点でホーキング博士にとっては、彼が本当にタイムトラベラーなのか、ただ運よく食べ物の匂いにつられて勝手に入ってきた現代の不審者なのか区別がつきません。そこで、例えば次のような提案をしてみてはどうでしょうか。「この紙に、君が見た招待状の文面の中身を覚えている限り正確に書いて、封に入れてくれないか？」。そうお願いして、そこでは、とにかく彼と談笑して飲み食いして解散します。

そして後日、自分が招待状を書いて公開します。このとき、招待状の文面と同じものが封筒のなかから出てきたら、その時点で初めて彼が本当のタイムトラベラーであったかが判定できます。これはワクワクしますね。しかし、ここでふと別の選択肢も考えてしまいます。

仮に彼とのパーティーのあとに、やっぱり気が変わって招待状を公開しないとすると、封筒の中身は変化するのでしょうか？　まさに量子力学のシュレーディンガーの猫状態です。招待状を非公開にするならば、白紙の紙が出てくるのでしょうか？　だとすると、あのパーティーに彼が現れた理由が、ただの不審者ということになるのでしょうか？

これはある意味、未来に取りうるホーキング博士の行動に自由意志はあるのか？　というテーマにもなりそうです。例えば、ズルをして、招待状の公開前に封筒をあけて文面を確認してしまうとします。そして、それとは全く違う文面の招待状を書いて公開したとします。その場合、封筒のなかの紙面の文字が変化するのでしょうか？　やはり文章が勝手に変化するというSFチックなことは起こらないのが現実な気がします。仮にその場合でも、彼が未来でなんらかの情報を得て訪れたタイムトラベラーであったことは確認できます。しかし文面が異なるという、不思議な矛盾が残ってしまいます。彼は別の未来から来たのか？　未来が変更されてしまった証拠なのか？　疑問はつきません。そう考えると、タイムトラベラーが現れ、紙面に書いて封をした時点で、ホーキング博士の未来もすでに決定されていたと考えるのが妥当な気がします。仮に封筒に隠されていた文面を先に見たあとで、それを変更しようと試みても、なぜかそこに書かれた文面通りの招待状を公開することしかできないという運命的な行動をとってしまうのかもしれません。

　パーティーに誰かが来てくれていたら、こんなにも楽しい実験だったのかと、実に悔やまれますね。

第2部
「宇宙」を巡る

宇宙飛行士が実際に火星に降り立つ日はくるでしょうか。

歴史上、地球人が降り立った地球以外の天体は月だけです。リスクやコスト面を考えると、調査だけを目的とするなら、必ずしも人が現地に降り立つ必要はないかもしれません。実際に火星では8年以上にわたり、無人探査機キュリオシティの調査によって地下の水や有機体の発見など、我々のこれまでの火星の常識が書き換えられています。また、2021年2月に火星に着陸した、パーセベランスという新たな探査車は小型のヘリコプターを搭載しており、空中から探査をするという計画があります。近い将来は、ドローンようなものを何体も飛行させ、惑星全体を効率的に調査できるかもしれません。

しかし、移住を前提とした人体への影響などを調査するには、やはりそこに人類が降り立たなくてはならないでしょう。なにより、人類が新たな天体へと踏み出すというインパクトは絶大なはずです。宇宙の旅に想いを馳せたことのある方も多いのではないでしょうか。

そこで第2部では、宇宙環境をはじめとして惑星移住や星間飛行、宇宙人との交流などを扱ったSF作品を取り上げてみます。ぜひSF作品を通して、リアルでまだまだ謎に満ちた宇宙にも目を向けてみてください。

第6章

宇宙に投げ出されたときの最後の移動手段

『ゼロ・グラビティ』

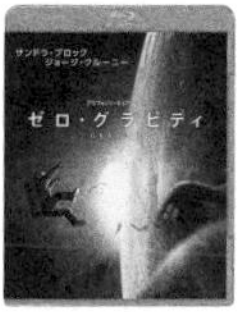

『ゼロ・グラビティ』デジタル配信中、ブルーレイ 2,619円（税込）／DVD 1,572円（税込)、発売元：ワーナー・ブラザース ホームエンターテイメント、販売元：NBC ユニバーサル・エンターテイメント

宇宙でどう過ごすか

宇宙環境をテーマに扱ったＳＦ作品も数多くあります。このテーマは、これまでのタイムトラベルなどまだまだ架空のサイエンスの上に成り立っている世界観とは異なり、いくつかは実際の宇宙飛行士の体験や、技術者の苦労など実話も含まれているものが多いのではないでしょうか。ここからはそんな、より現実味がありそうな、宇宙環境を扱ったＳＦ作品をご紹介し、実際にいつか自分たちが本当に宇宙空間で生活することになったと想像してもらえればと思います。とくに、地球とは異なる大気や重力環境において、そこでの移動手段や、いかに生存していくのかなどが考えたいテーマです。

例えば、映画『ゼロ・グラビティ』では、国際宇宙ステーションでの船外活動中に、主人公が宇宙デブリ（宇宙空間に漂うゴミ）に遭遇して巻き起こる生死をかけたハプニングが描かれています。宇宙といっても実に広大ですが、まずは、このような地球近傍の宇宙空間から始まり、太陽系の別の惑星までの移動を想定した映画をいくつか例としてまとめてみましょう。

地球近傍：『ゼロ・グラビティ』
月　　　：『ファースト・マン』
火星　　：『オデッセイ』
海王星　：『アド・アストラ』

最後の『アド・アストラ』は、ブラッド・ピットが主演で２０１９年に公開された映画です。ストーリーは海王星の近傍まで、失踪した父を探しに行くというものでした。海王星は地球と太陽の距離の約30倍ほど地球から離れており、太陽系のなかでもかなり遠方に位置します。ただ、映画では海王星に降り立つわけでもないため、ここではあくまで紹介程度にしましょう。では最初の３つについて、まずは『ゼロ・グラビティ』から詳しく見ていきましょう。

国際宇宙ステーションは無重力？

まず宇宙というと、無重力というイメージがすぐに浮かぶのではないでしょうか。国際宇宙ステーション（ＩＳＳ）にいる宇宙飛行士が空間を漂うようにしているのを、皆さんもテレビなどで一度は見たことがあると思います。『ゼロ・グラビティ』でも、宇宙空間を彷徨《さまよ》い続け、命からがら国際宇宙ステーションにたどり着いた主人公のストーン博士は、空を泳ぐかのように船内を移動していました。

しかしここで、国際宇宙ステーションが〝無重力〟であるかというと、実はそうとはいえません。もちろん地表とは異なる宇宙空間にあると考えてよいのですが、宇宙のなかでも極めて惑星に近い位置にあるというイメージのほうが近いのです。国際宇宙ステーションは地上４００㎞の上空にありますが、ここでの重力を計算すると、実は地表の88％程度です。つまり、重力だけで見ると、地上のわずか1割ほど軽くなるだけです。地球の半径自体が、約６４００㎞もあることを考えてみてください。地球と国際宇宙ステーションの位置を縮尺にしたがって図示（図表6－1）すると、極めて近傍にいるということが分かるかと思います。ちなみに、飛行機が移動しているのが、上空10㎞程度のところなので、ＩＳＳはその40倍程

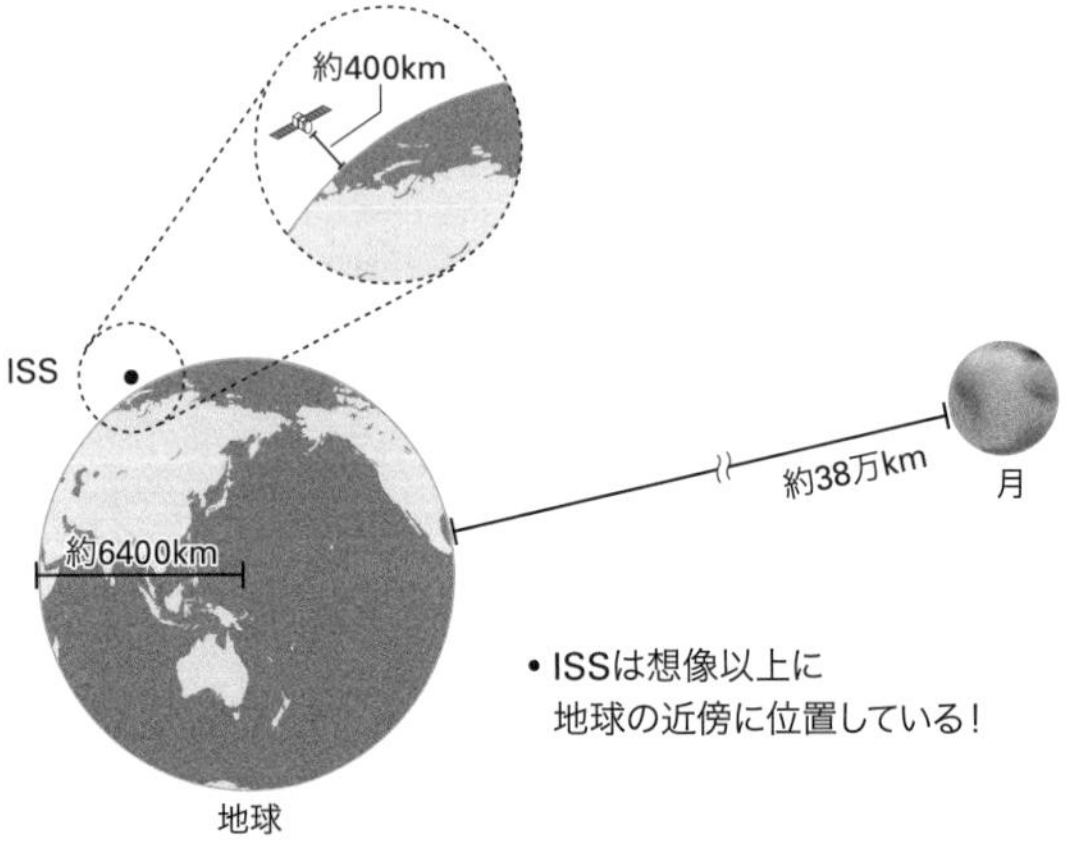

※ISSの大きさおよび地球と月の距離だけほかと縮尺を合わせてない。

図表6-1　ISSと地球の距離

度のところです。

　では、なぜ国際宇宙ステーションが無重力状態になるのかというと、それは遠心力が強大だからです。

　遠心力とは、立ったまま乗車していたバスや電車がカーブを曲がる際に、身体がカーブの外側に引っ張られる力です。回転運動する乗り物に乗っている場合にも必ず遠心力は働き、その外側に引っ張られる力は回転する速度が速いほど強くなっていきます。そして、国際宇宙ステーションは、重力的にはそれほど地表と変わりませんが、速度が異常に速いのです。それはおよそ秒速８㎞、地球を１日で16周もしてしまうほどの速さです。90分で地球を１周とは、移動手段として使えたらすごいですね。こうした地球のまわりを落下せず回転運動し続けるのに必要な速度は、第一宇宙速度と呼ばれています。

国際宇宙ステーションと一緒に動く人は、この地球のまわりでの円運動によって地球から離れる方向に強い遠心力が働いて、無重力状態となっています。

では、どれくらい強い遠心力かというと、地表のおよそ２５０倍になります。

私たちが普段生活しているときも、地球の自転という回転によって、遠心力をわずかに受けています。これは私たちを地面から離すような上向きの力です。もちろん緯度によっても力の大きさは異なり、もっとも強い遠心力が働くのは赤道上です。しかし、ここでもわずか０・００３４Ｇという、地球の重力（１Ｇ）の約２９０分の１の小ささです。日本での体重に比べて、赤道上での体重はこの分わずかに軽くなるとはいえますが、ほとんど無視してもいい力です。一方、国際宇宙ステーションでは、この遠心力が０・87Ｇにもなります。つまり、つねに猛スピードでカーブを曲がっているバスのなかにいる状態なのです。これが外向きなので、０・88Ｇという内向きの重力と打ち消しあい、地球上のおよそ１万分の１から１００万分の１程度というほぼ無重力に近い状態となっているのです。

「宇宙ステーション＝無重力」という一言にも、ちゃんと説明すると、このような深い背景があるんですね。ふんわり浮かんでいる宇宙飛行士が和やかに話している宇宙ステーション内の映像だけ見ていると、そこが90分で地球を1周してしまうほど、とんでもないスピードの乗り物だとは、全く想像できませんよね。

もしこの遠心力を赤道上で感じたら、全ての物体は地表から振り放されて大気圏に行ってしまうでしょう。国際宇宙ステーションの速度に対して、地球の重力圏を脱出できる速度、いわゆる第二宇宙速度は秒速11kmなので、あと秒速3kmほど速度をあげると、そもそも国際宇宙ステーション自体が、地球から離れていってしまいます。ちなみに地球の「1日＝24時間」という長さを決めているのが自転速度ですが、これが秒速380mなので、いかに国際宇宙ステーションが速い速度で回っているか想像できると思います。

地表の0・0000001%

「無重力空間に浮かんでいる静かな国際宇宙ステーション」というイメージがだいぶ変わったのではないでしょうか。実際は、地表とさほど変わらない重力空間を、猛烈な速度で回転して無重力空間を再現しているのです。

一方で、「宇宙空間＝真空」のイメージについては、正しいといえます。「飛行機の飛ぶ上空10㎞の大気は、地表の気圧の約４分の１から５分の１程度になり、宇宙ステーションの漂う場所では、すでに10のマイナス10乗倍になります。地表のわずか０・０００００００１％しかない大気なので、真空といっても正しい場所です。もちろん船内は、酸素や窒素など地表と近い大気レベルを維持しています。宇宙で活動する上で、もっとも重要なことが、この大気問題だといえます。宇宙服なしでは、いかなる宇宙環境でも生きてはいけないと考えたほうがいいのです。

　別の惑星に移住することを考えましょう。その惑星に十分な大気が幸運にもあったとします。しかし、その成分が地球と同じになる可能性はほとんどありません。窒素と酸素が４対１の比率になっているからこそ、私たちはマスクなしで生存できますが、少しでも異なればまず生きてはいけません。例えば、私たちは普段、21％濃度の酸素のなかで生活をしていますが、これがわずかに下がって18％以下まで低下すると、頭痛や吐き気などの症状を引き起こします。また、酸素濃度は高すぎてもダメで、医療現場でも50％濃度の酸素を投与するのは、48時間以内が限界だとされています。

　宇宙ではコロナ禍の今のように、マスク必須と覚えておかなくてはいけませんね。この点は、あとで地球に飛来する宇宙人もののＳＦ作品を扱う際にあらためて触れたいと思います。

助かりたければ、持ち物を捨てよ

『ゼロ・グラビティ』を見ていてもう少し解説したいのは、宇宙での移動手段についてです。映画の冒頭は、ストーン博士をはじめとした技術者が宇宙服を着てスペースシャトルの外に出て活動を行っています。先ほど、地球近傍の宇宙空間は重力がさほど変わらないと書きましたが、そんな宇宙空間での船外活動といっても、博士らはスペースシャトルとともに地球のまわりを高速で回転運動しているようなので、実質無重力と考えてよいでしょう。すると、気になるのが無重力空間でどのように移動するかです。地表なら蹴って進むことのできる地面がありますが、全く触れるものがない空間ではそれが難しいのです。

『ゼロ・グラビティ』では宇宙服に内蔵された小さなジェット噴射を利用して移動していました。これは、おそらく一番理にかなった移動手段だといえます。実際、日本の小惑星探査機「はやぶさ」も詳細な機構は違えども、同じジェット噴射を利用して移動していました。初期の宇宙ミッションでもこのような移動噴射装置を実験的に使用していたようです（ただ、どんなに微調整が効いても、これは命綱なしで高層ビルの窓を清掃するのと同じですから、現在は安全上の理由で基本的に宇宙船との命綱をした状態での船外活動に限っています）。

では、映画のようにトラブルによって身一つで宇宙空間に投げ出されたときはどうすればよいでしょうか。ここからはより過酷な状況での移動の仕方を考えてみましょう。

地上で転がしたボールが自然に止まってしまうのは、地面から受ける摩擦や空気抵抗のためです。一方、宇宙では真空のために、空気抵抗のような運動を妨げる力がほとんど働きません。宇宙での運動は基本、一度回転すると永遠に回転し続けるといった状態になります。横に移動する場合もそうで、わずかな力で移動の速度を得たら、何もせずにどんどん進み続けます。

その意味では、最初の初速度さえ稼げれば移動は簡単です。ただその分、目的の位置で止まるのがかなりリスキーになります。宇宙空間で一度離れてしまうと、生死に関わるほどのアクシデントなのです。

さて、ここでは単純に無重力・真空空間で右に移動したいとしましょう。その場合、いくら水泳のように真空をかいても全く無意味です。では、どうすればいいかというと、左方向に何か持ち物を投げ捨てるのです。すると、自分自身は右方向に移動していきます。

物理の用語でいうと、これは運動量保存則という法則に従った運動です。

運動量保存則とは、例えば2つの物体が衝突する場合、その前後での速度変化（正確には速度×質量＝運動量）が保存されているという法則です。つまり、AがBに与える力と、BがAから受け取る力が、作用反作用の法則にしたがっているので、お互いの速度変化がきちんと保存されているということです。衝突現象の代わりに1つの物体が分裂することを考えると、もともとの速度がゼロならば、分かれたあとの2つの物体はお互い逆方向に離れていき、移動＋逆方向への移動＝0ということになります。

このような法則が、地上よりも理想的に成り立っているので、宇宙空間では私たちの日常とは異なった不思議な運動を目にします。宇宙空間では、地面のように蹴って移動することができませんし、大気がないので、水かきのように手を振っても移動できません。ですが、右移動＋逆方向への移動＝0を利用して、進みたい方向と逆方向に物を投げると、うまく自分自身が進みたい方向に移動できるのです。この場合、運動量という単位で考えるので、「質量×速度」が大事になります。つまり、より速く移動したいときは、捨てるものはより質量の大きいもので、投げる速度も大きくするといいということです。「宇宙空間において自力で助かりたければ、持ち物を捨てよ」ということを教訓として覚えておいてください。

宇宙でハンドスピナーを回すと

同じように回転運動に対しても、角運動量保存則があります。これに関して、実に面白い宇宙飛行士の実験が動画で公開されているので、「宇宙飛行士　ハンドスピナー」で検索してみてください。地上で何げなく回すハンドスピナーですが、宇宙空間でこれをやると、なんと回している本人も回転をし始めます。実に滑稽《こっけい》で面白い様子なので、動画で見ることをお勧めします。これも回転運動を全体で保存させようとする法則の賜物《たまもの》です。

では、なぜ地球上ではそうならないかを、ここでは逆に考えてみましょう。

もちろん地球上でもこの回転運動の法則は同様に成り立っています。しかし、地球上ではこの運動を邪魔するものがあります。1つは地球の重力、もう1つは地面との摩擦です。質量の大きい私たちの身体はハンドスピナーに比べて、より強い重力で引っ張られています。さらに、地面と接触している限り、摩擦によっても身体が回転することを止められています。身体のほうに大きなブレーキがつねにかかっている状態なのです。仮に、うまいこと地球上で無重力のように身体を浮かせた状態でハンドスピナーを回すことができたのならば、国際宇宙ステーションの宇宙飛行士と同じように、自分の身体も回り始めます。

さらに、国際宇宙ステーションの外で同様のことを行えば、今度は大気による摩擦もないので、永久に回転し続けるという状態になります。本来は、このような運動こそが、自然界の常識的な振る舞いであるはずです。しかし、私たちは地球上という特殊な環境での日常に慣れているために、回転し続ける本来の運動の姿のほうがかえって奇妙に感じてしまうのです。この「宇宙空間で回転運動が止まらない」という事実は、体験したことがない実験段階での宇宙飛行士たちにとってはこの上ない恐怖となったでしょう。これがどういうことなのかは、次の『ファースト・マン』の章で詳しくご紹介したいと思います。

第７章

〝ファミコン〟で目指した月面着陸

『ファースト・マン』

『ファースト・マン』Blu-ray：2,075円（税込）／DVD：1,572円（税込）、発売元：NBCユニバーサル・エンターテイメント

宇宙飛行士になるということ

次に、映画『ファースト・マン』を題材に、実際に地球から飛び立って月面着陸することを想像していきましょう。この映画は、ＳＦというよりもニール・アームストロング船長の人生を描いたノンフィクションに近い作品です。ちなみに、現在までに月面に降り立った地球人は合計12人で、いずれもアメリカ人だという事実があります。一方、日本人の月面着陸の計画が、現在かなり現実的に進んでいるようなので、近い将来そんな嬉しいニュースを聞く日がくるかもしれませんね。

物語は１９６９年に人類で初めて月面に降り立ったアポロ11号の船長アームストロングが、宇宙飛行士に志願した１９６１年頃から始まります。娘を脳幹ガンで亡くすという悲痛な心境のなか、宇宙飛行士の試験を受ける彼の姿が印象的です。ちなみに、私も２００８年の日本人宇宙飛行士選抜試験に実際に応募した経験があります。応募資格には、「博士号を持つこと」があったのですが、博士を取り立ての私は運よく応募できました。もちろん2次試験で落ちましたが、最終的には、油井さん、大西さん、金井さんの3名が選抜されました。最終試験では、国際宇宙ステーションを模した閉鎖空間での1週間の滞在試験もあったということです。宇宙飛行士は、候補生として採用されてからも、実際に宇宙に行くまで訓練に6〜8年もの歳月がかかります。本当に、地球人の代表のようなエリートだけが選ばれる大変な職業といえますね。

ファミコンで宇宙へ⁉

映画の舞台となった１９６０年代の話に戻しますと、当時は有人で宇宙へ飛行することを考えるにあたり、どのような人物を選考すべきかという議論が起こり、最初は本気で空中ブランコの曲芸師を考えていたこともあったようです。人の飛行の前に、まずは動物でということで、ハム君という猿を搭乗させた実験も行いました。地球から脱出できる速度まで加速する場合、宇宙船内は非常に強い負荷がかかります。想定では8Gになると思われていましたが、実際はさらに倍の負荷がかかっていたようで、生還したハム君は、ストレスからあたりかまわず噛みついたといわれています。猿にとって実にかわいそうな実験です。

ハム君のフライトは１９６１年１月末のことでしたが、そのわずか2か月半後、ソ連のガガーリンが、有人として初めて地球を脱出することに成功します。「地球は青かった」で有名なあのセリフです。この衝撃的な成果を目のあたりにしたアメリカは、国家総出でソ連との宇宙開発競争に乗り出していくことになりました。

また、１９６０年代の技術は、今からすると宇宙に行くとは思えないほどの低い状態であったといわれています。科学競争を背景に、まさに国家で挑んだからこそ、そんな科学技術で月面への有人飛行が実現したのでしょう。当時のパソコンは、１９８０年代に出た任天堂のファミコン並みといわれており、わずか8ビットのCPUです。一度に2の8乗、つまり２５６個の演算しかできないパソコンをイメージしてください。今やパソコンやスマホも64ビットなので、いかに低性能であったかが分かると思います。一方で、そんな低性能なマシンで一体何を計算したいかというと、主に機体の制御や軌道計算だと思われます。３００にも満たない演算だけでこれらを計算するのは、かなり無謀なことが素人でも分かります。ファミコンで操作するマリオの動きしか再現されない状況で、人命をかけたゲームを行うよう

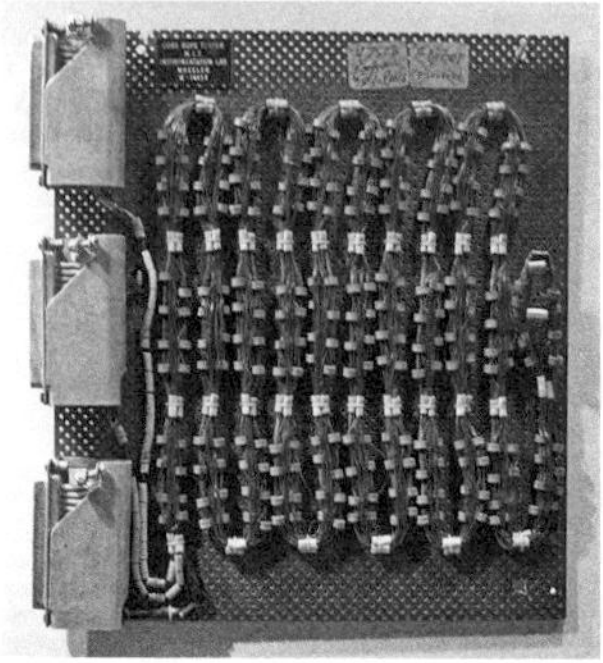

図表7‐1　コアロープメモリー

Nova13 / Ferrite core memory as used in the Apollo Guidance Computer (MIT sample for testing) / 2010 / CC BY-SA 3.0 (https://commons.wikimedia.org/wiki/File:Apollo_guidiance_computer_ferrit_core_memory.jpg) via Wikimedia Commons

なものです。

アポロ号を制御したり、軌道を計算するコンピュータのプログラムを格納するメモリーについても見てみましょう。これは今でいうハードウェアROMにあたります。当時は、コアロープメモリーと呼ばれ、ビーズのような磁気コアに複数の電線を複雑に巻き付けた形状をしていました（図表7‐1）。この縫い込み作業は、当時、年配の女性を大勢雇って刺《し》繍《しゅう》作業のように行われ、この繊細な作業に従事していた方を、「小さなおばさんたち」と総称していたようです。今でいうと、「ハードを手作り!?」といった印象ですが、それほど現在との技術差は大きいということです。

燃料タンクを切り離す理由

映画『ファースト・マン』では、地球から宇宙へと飛び立つシーンが何度か登場します。とくに宇宙空間への有人飛行がまだ実現されていない状況で、それに挑もうとする宇宙飛行士の姿は印象的です。彼らの決死の覚悟と不安が、宇宙船内部の緊迫感を表現するカメラワークによって、画面上からも伝わってきます。

ここで、そもそも宇宙ロケットがどのように地球の重力圏を脱出するかをまずお話しします。よくアニメなどで、おならを強烈に噴射して宇宙空間に飛び出すような描写がありますね。現実でも、一定の脱出速度を獲得するために、ジェットを噴射させて加速する推進力は重要です。

しかし、それ以上に脱出に必要な条件は、質量の大部分を捨て去ることにあります。これは前に触れた運動量保存則に関係しています。無重力ではありませんが、この場合も進行方向と逆方向に大きな質量を捨てることで、より大きな推進力を得るのです。ですから、いかに効率的な燃料でおならのようにジェットを噴出しても、それだけでは重力圏を逃れることはできません。

乗り物の燃料が占める質量比のことを燃料比といいますが、ロケットの場合これが非常に高くないといけないのです。旅客機は、燃料比がおよそ50%以下だといわれています。船では20%、自動車では5%、ディーゼル機関車になると数%です。これに対して、宇宙ロケットは、80%以上にもなります。燃料を燃やしてロケット質量の大部分を捨て去ることが、地球の重力圏を脱出するためには重要なのです。また、ロケットの打ち上げ映像では、燃料の排出が終わると、燃料タンクを切り離して捨てる描写がありますが、これも質量をうしろに捨てることで、推進力を得ています。

これを考えると、地球よりも重力が小さい月や火星の場合は、脱出するときにさほど大きな推進力を必要とせず、帰ってこられることが分かると思います。逆に、もし目的地の惑星が、地球サイズやそれ以上を想定している場合には、帰還するための燃料船を先に目的惑星に送っておく必要があるでしょう。たまたま近くの天体が、地球よりも小さいからこの点が問題になっていないだけなのです。地球より大きい惑星への着陸方式は、燃料輸送の観点からも、より一層困難があることを忘れないでください。

ランデブー方式のメリット

月は地球から約38万kmも先にあります。この天体へ人類を送るために、まず議論されたことは、いかなる方法で月面に降ろして戻ってくるかということです。単純に考えれば、月に着陸して、離陸して戻るということになりますが、それでは燃料的にかなり無理のある計画です。そこで、月周回ランデブー方式というものが考えられました。つまり、月の周回軌道上で待機させておく船と、月面に降ろす船を分離して、ドッキングさせるという方式です。

月は地球よりも重力が少ないとはいえ、母船ごと着陸して再び月の重力圏から抜けるためには、それなりに大規模な燃料が必要となります。ランデブー方式では、軽い探査船だけを月に降ろして離陸させるだけなので、燃料が抑えられます。そして、月の周回で待機している母船が速度を失わないでいられるので、ゼロから速度を稼ぐ必要がなく、月の重力圏から容易に脱出が可能となります。

実際、１９６９年のアポロ11号は、３人のクルーのうち、月面に降りたのはアームストロング船長とバズ・オルドリンの２人で、マイケル・コリンズは月の周回軌道で待機している任務でした。コリンズの知り合いなら「彼も月に降ろしてやれー」と不満を訴えそうですが、ランデブー方式とはそういう計画なのです。

最大の難関、ドッキング

このランデブー方式では、宇宙空間で母船と探査船のドッキングがミッション成功の大きなカギとなります。

一度、推進力を得て移動している物体同士を連結することはかなり困難を極めます。機体同士のわずかな制御ミスが、衝突という大事故を容易に招いてしまうのです。この点は、映画『インターステラー』で、ある惑星から脱出して慌ててドッキングするときに大惨事となる場面が描かれています。成功しているシーンばかりを見ていると、何てことないように見えますが、一歩間違えれば、一瞬で大事故に陥る様子が実感できるかもしれません。映画では、宇宙飛行士視点の映像として、無音のなか、大爆発を起こすという印象的な絵になっています。静かなところに突然襲ってくる恐怖をうまく演出できているシーンだと思いました。

話を戻しましょう。１９６６年、宇宙でドッキングを初めて成功させたのはアメリカのジェミニ計画におけるジェミニ８号です。片方は無人機アジェナで、もう一方には、アームストロングと副操縦士のスコットが搭乗していました。これまでソ連に先んじられていた宇宙技術で初めてアメリカがリードできた瞬間でした。

一方で、２人のクルーにとっては未体験の恐怖を味わった瞬間でもありました。

当時は、飛行中全てで交信ができるようなシステムが取られていません。この通信が途絶えている最中、なんと予期せぬ激しい回転運動が起こります。前にも触れましたが、一度回転を始めてしまうと、自然には止まらないのが宇宙空間です。映画では激しい回転が全く止まらない恐怖と、気を失うほどの過酷な状況が伝わってきます。緊迫する船内の様子は、ぜひ、映画で自分がこの状況に立たされたことを想像して味わってもらえればと思います。未知の恐怖と、生死を左右する操作の緊張感を疑似体験すると、宇宙飛行士とは本当に命がけの仕事なんだと思い知らされます。

ジェミニからアポロへ

そんなアクシデントを無事乗り越え、ジェミニ計画は成功を収めました。

そして１９６７年からアポロ計画がついに本格的に始動します。しかし、スタートはアポロ１号で乗組員３人が火災事故により死亡するという悲惨なものでした。宇宙に行くために、一体何人の犠牲が必要なのか、月面着陸計画へ国費が費やされることへの社会的批判も高まります。とくに貧困層から激しい批判が起こっている様子が映画では描かれています。

そんな社会情勢のなか、アポロ８号が１９６８年、有人で月での周回飛行を成功させました。そして、アポロ11号の船長にアームストロングが任命されるのです。

アポロ11号は１９６９年７月に地球を飛び立ちました。地球軌道から無事離れて一段落するクルーたち。映画では船内で曲を聴くシーンが出てきますが、当時はまだカセットテープだったのが印象的です。ちなみに、月への飛行経路はアポロ８号でとった８の字方式と同じです。これにちなんでアポロ8号のミッションロゴは、地球と月を結ぶ軌道とミッション名にちなんで数字の8が大きく描かれています。

軌道の途中は、ほとんど推進力を得るためのジェットはありません。宇宙空間とは、このように最初の初速度さえ出せれば、惰性《だせい》だけで飛び続けられるエコな移動が可能な場所なのです。打ち上げから3日ほどで月軌道に入り、いよいよ4日目に着陸のミッションに入ります。コリンズがコロンビア号で月の周回軌道上で待機しているなか、探査船であるイーグル号が切り離され、月面着陸を開始します。１９６９年7月20日の夜のことです。月面の滞在時間はわずか2時間半、着陸したのは月のウサギのちょうど顔の部分にあたる「静かな海」と呼ばれる場所でした。最初にアームストロング船長が、その19分後にオルドリンが月面に降り立ちます。あの有名なセリフとともに世界中で放映された歴史的瞬間です。

この月への有人着陸が捏造《ねつぞう》であるという都市伝説もあります。疑う根拠の１つは、着陸映像に映るアメリカの国旗が無風で大気のない月の上で、揺らいでいるのがおかしいということのようです。ですが、風はなくとも、一度、宇宙空間で速度を持ってしまうと、止まらないことを考えると、たなびいて見えることも自然な現象なのです。何より、その後の有人着陸が成功していることを見れば、それを疑う理由はありません。

月から見える夜空と太陽

『ファースト・マン』の章の最後には、月あるあるにいくつか触れておこうと思います。

まず、月面は重力が地球の6分の1程度と小さく、月面を歩く場合、跳ねて進むようになります。重量のある宇宙服の重さを感じることもないでしょう。そう考えると、月のように地球よりも小さい天体へ行く場合は、宇宙服の障害はあまりないかもしれません。しかし、逆に地球以上の大きさの惑星に着陸する場合は、この宇宙服自体の重さも増すので、移動するだけでも一苦労となってしまうことでしょう。

また、月の上でももちろん日の出があり、1日は昼と夜に分けられます。ただし、月の1日は地球の約30日にもなるので、実に長い昼と夜になり、1日という印象はないかもしれません。夜空の様子ですが、きれいな星空は見えません。地球がつねに、空の同じ位置に輝き続けているからです。その明るさは強烈で、そのおかげで星が見えない状態になっています。さらに、地球からは月の同じ面しか見えませんが、逆に月からは地球の異なる面が見えます。それは、地球の自転速度が、月の自転速度よりも圧倒的に速いためです。月の上から、肉眼で地球の自転が観測できるのか、ぜひ、月で住む未来の小学生の課題にしてほしいものです。

ただし、反対側に住む人々は、一切地球が見えません。月世界では、地球が見えるか見えないかは、地域差によって決まるのです。反対面はあまり着陸の歴史がないので、よく分かりませんが、おそらく地球が見えない分、夜は星が見えるようになっているのではないかと思います。地球では月を見て、「同じ空を見ている」といった表現をしますが、月では同じ空ではないということですね。ちなみに、アポロの映像では、地球が地平線から上る映像を見ることができますが、これは月面上では決して起こらない現象です。月の周回軌道のロケット内からしか、この「地球の出」は拝むことができません。

月面から太陽がどのように見えるかということもお話ししておきましょう。

月は大気がないので、見える太陽の大きさは地球上から見るものよりも小さく見えるはずです。なぜなら、地球から見る太陽は大気があるために光が揺らいで、結果的に見え方も大きくなっているからです。また、地球から見る太陽は本来の色とも異なっています。宇宙空間で太陽を見ると、中心は真っ白の強い光でその周囲が青みがかった色をしています。これに近いのが、月面から見える太陽だといえます。私たちが、普段黄っぽい色だと感じている太陽は、この本来の色から青空の色が散乱によって抜け落ちたために、黄色に見えているだけの幻にすぎません。月の上に行けば、そんな太陽の真の姿が拝めるはずですが、強烈なX

線がむきだしでやってくるので、絶対にお勧めできません。地球上では、私たちを見守る温かい存在というイメージですが、月面では、容赦《ようしゃ》なく攻撃してくる邪悪なものへと変貌をとげているはずです。

月の資源を巡っては、今まさに国際間でどのように所有していくべきかが、議論されている最中です。地球での土地の所有権を考えると、月面にアメリカ人しか降りていない現状では、アメリカが有利でしょうか。アメリカの民間宇宙企業の活動は近年ますます活発になっています。アマゾンのジェフ・ベゾス氏が２０２１年７月に民間宇宙旅行を実現したニュースは記憶に新しいところです。彼はＮＡＳＡの月面着陸船に巨額の出資をすること提案し、月への進出も目論んでいるようです。一方で、中国もかなり本気で月への進出を画策しているといいます。月は一番地球から近い天体ですが、まだまだ謎も多く、ますます目が離せない宇宙環境といえますね。

第8章

火星で植物を栽培するもう1つの理由

『オデッセイ』

他の惑星の暦

次に火星への飛行を題材にした映画『オデッセイ』を紹介します。

実は、地球からもっとも近い惑星は、火星ではなく金星です。では、なぜ火星ばかりで金星への飛行があまり話題にならないかというと、金星は灼熱の地獄のような環境で、移住の対象にはならないからです。もちろん観測衛星などの人工物は飛ばしていますが、有人で行くような場所では決してないのです。金星は地球の未来の姿であると思われていて、非常に厚い二酸化炭素の大気となっています。二酸化炭素による温暖化の極みともいえ、地表では昼も夜も４００度以上の灼熱です。火山活動も活発で、まさに地上に存在する地獄です。

最初から少しそれてしまいましたが、話を映画に戻しましょう。火星をテーマにした映画だと他にも『トータル・リコール』という作品があります。こちらは火星ですでに住んでいる人々がいて、火星生まれの特殊な人種も登場します。ＳＦ要素が強いこの作品に対して、『オデッセイ』はかなり現実的な描写が多い、火星でのお話といえます。

原作は、アンディ・ウィアーの小説『火星の人』です。映画はリドリー・スコットが監督で、マット・デイモンが主演を務めています。ストーリーは単純で、何人かで火星への有人探査をしているなか、彼だけがハプニングで火星に取り残され、一人で生き抜くというものです。

映画ではさっそく説明もなくＳｏｌという単位が登場します。

これは火星での１日の単位です。自転速度が地球と異なるため、このような単位を使っています。24時間ではなく、それより約40分長いのが火星の１日、Ｓｏｌです。語源は、ラテン語で太陽を意味する「Sol」で、英語の「Solar」にあたります。ちなみに火星の１年は、地球の約２年２か月に相当しますので、火星生まれの子どもは誕生日が地球時間で２年に１回しか来ません。

地球とは異なる惑星での１日の長さは、太陽に近いほど実は複雑です。例えば、水星の１日は１年よりも長いという逆転が起こっています。どういうこと？　と聞きかえしたくなりますが、イメージはとにかく太陽がなかなか沈まないということです。水星の1年は88日ですが、これがほぼ昼の時間と同じです。翌年は夜が1年間続きます。そうして2年たってようやく太陽が空の上を1周するということになります。水星に移住することはまずないといえますが、仮に太陽系を離れて別の星の惑星に行くことを考えてください。他の星が太陽となる惑星系では、水星のような星に近い軌道を通る惑星のほうが、水や海がある可能性もあります。それは、太陽よりも温度が低い星の場合です。このとき地球の軌道位置では温度が低すぎるので、水が氷になってしまいます。なので、水星のように太陽の傍《そば》の惑星をターゲットにする場合もないとはいえません。もし移住などしたら、暦が非常に複雑になりそうです。

静止画のみで円滑な会話を

火星に取り残された主人公に話を戻しましょう。

地球では、彼が事故で死んでいると思われていましたが、生存していることが火星の衛星写真で判明します。彼も必死で地球との交信を試みようとします。電話のように会話ができればいいのですが、映画の設定では、音声はおろか、映像も動画……というよりもほぼ静止画に近いものしか送れないことになっています。

地球と火星は、光でも30分以上かかる距離にあります。ですから通信にもタイムラグがあり、32分遅れて届きます。なおかつ映画では、火星からの静止画は送れても、地球からは画像データなどは一切受信できず、地球からはかろうじてカメラの向きを変えるくらいしかできませんでした。そのため、はじめは「YES or NO」という2択の会話を行います。質問の文章を紙に書いてカメラにかざし、「YES」と「NO」の看板を立て、約30分すると、カメラが答えの方向に向きを変えるという仕組みです。なんとももどかしいやり取りです。それでも、これでようやく火星で孤独に生存しようとする彼の状況を地球の人々も理解し、さまざまな対策を講じ始めます。

通信で行う会話の手法は、少しずつ洗練されていきます。2択の選択肢から、彼は16進法を用いた会話方法を見つけました。アスキーコードに関連した文字配置です。

素人だと真っ先にアルファベットを伝えるシステムを作ろうとすると思います。ですが、アルファベットは26文字なので、カメラが振り向く動作で返答する場合（作中のカメラは360度回転させることができます）、円周上で約14度ずつ看板を立てなければならず、文字同士の間隔があまりに狭くなり、カメラの首振りだけで区別するのは困難なのです。そこで、

16文字を用いる16進法に切り替えたようです。これなら22度ごとに看板を立てればよいので、カメラが何を指しているのか、よりはっきりと分かるようになります。実に賢いです。宇宙飛行士は、まさにこのような予期せぬ状況でも、冷静に臨機応変に対応するサバイバル能力が非常に大事だといえますね。

火星で酸素を確保する

基本的に、主人公が生活しているのは、火星に建てた実験基地のようなシェルター内です。これがもともと建てられていたので、生存できたともいえます。宇宙服だけでは、まず間違いなく1日以上生存できないでしょう。しかし、限られた食料と水では、いずれ飢え死にすることが目に見えています。

この問題が、生き抜くための最大の難所といえます。

そこで彼は、ジャガイモの育成を試みます。植物学者という設定なので、そこらへんは実に頼もしいです。もともと持ち込んだジャガイモを土に埋めて、栽培しようというのです。火星の土は基本的に鉄分が多く、栽培には適しません。そこでクルーたちがためた有機廃棄物、つまりうんちを肥料として用いることにします。

ここで大きな問題は、栽培に必要な大量の水をどうするかです。飲み水の制限があるので、それを栽培のために無駄に使うことは命とりです。彼は、ロケットの燃料から、水合成することを試みます。ヒドラジンという燃料から窒素を分離して、水素を取り出そうとしたのです。水素は酸素と燃焼すると、原理的には水になります。しかし、水素は非常に燃料性の高い気体なので、映画でも一度失敗して大爆発を起こしています。それでも、彼はめげずにもう一度チャレンジして水を生成することに成功し、火星にジャガイモ畑を作りました。もちろん外ではなく、シェルター内にです。生活環境の半分以上は、このジャガイモ畑となりました。

ここまでのことをあらかじめ想定していても、まず普通の人にはできない生存手法ですね。一方で、フィクションとはいえ、本当にありそうなリアルさも各々のシーンにはあります。映画では、悲壮感よりも、孤独でも充実した火星生活を送ろうとする彼の逞《たくま》しさが印象的です。

ここで、実際に「火星で暮らす」ことを考えてみましょう。おそらく、現実的にはこの映画のように建設したシェルターの内部でしか生きることはできないでしょう。水は地中に氷の状態で存在していることが確認されているので、何か大きな装置で水として取り出すことは可能かもしれません。ですが、大気がほとんどないということが、火星で暮らす上ではもっとも致命的です。シェルター内部に、生活するための酸素と窒素を、あらかじめ輸送して確保しておかなくてはいけません。空気が現地調達できないと、いずれこれらが尽きて死んでしまいます。

そこで、植物をうまく生存させて、局所的にでも大気を生成することができないかという提案がされています。酸素だけでもこれによって現地生産ができれば、話が大きく変わってきます。実際にNASAは、火星での植物栽培の実験を行おうとしています。これは食料の問題以上に、大気を現地調達できるかどうかにおいても、非常に重要となっているからです。さらに植物の前に、極限状態で生存できる微生物を先に送って火星の環境を変えてしまえという強い主張をする研究者もいます。とにかくこの大気問題は、まだまだアイデア段階で、課題だらけだといえます。

移動か？　暖房か？

主人公は地球からの救助を待つ一方、火星から自ら脱出する方法も模索し、過去に火星に着陸した宇宙船を利用することを考えます。

彼がいる場所は、「アキダリア平原」と呼ばれる場所で、その宇宙船がある場所まで、かなり距離があるようです。この平原は実際にある地名で、火星の北緯46度の位置で、地球でいえば日本の北海道の真上ぐらいにあたります。１９９７年にパスファインダーという火星探査機が降りた場所です。また火星にある有名な人面石もここにあります。

火星での移動を考えると、移動に使える車はありますが、その燃料の補給が問題となります。そもそも長距離での走行を想定していないので、途中で燃料が尽きてしまいます。映画では、１日およそ35㎞しか移動できないということで、燃料を積んで長距離を移動できるように工夫をしていきます。

他にも、夜のマイナス１００度という温度は、暖房機がないと耐えられません。そのままでは一晩で完全に凍結して死んでしまいます。一方で、燃料を暖房にまわすと、さらに移動距離が稼げなくなります。そこで彼は、核燃料をうしろに積んで保温に利用する方法を取ります。オンオフを切り替えることはできませんが、これだと夜も凍死する心配はありません。核燃料が適切な温度を維持できるように調整するのは、少しフィクションが強いとは思います。つねに被曝している状態なので、そちらのほうが心配です。

人工重力を作り出すには

さて、この頃、火星を飛び立った他のクルーはどうなっているかというと、すでに地球への帰還の途中です。地球から火星までどれくらいで到着できるかというと、およそ10か月かかるといっていました。実際に火星への飛行時間を考えると、どのような時期にどのような軌道で行くかによって、かなりずれが大きいようです。火星と地球との距離は、およそ8000万kmですが、もっとも近づくときと、離れているときで、大きな距離の差があります。その差は最大で、およそ3500万kmにも及びます。

クルーたちが乗っている宇宙船は、ヘルメスと呼ばれています。ここで、宇宙船のあるシーンでは、重力があるように描かれています。これは宇宙船に長期滞在する場合に必要な遠心力の技術によるもののはずです。コマのように中心となる軸とまわりの回転する部分を想像してみてください。この回転部分に乗船すれば、適切な遠心力が得られるので、宇宙船内で仮想的に重力を再現することができます。こういった宇宙船の設計は、いずれ現実的に必要になるでしょう。

では、地球と同じ重力にするにはどれくらいの回転速度が求められるかというと、仮に直径が100mの回転体であれば、14秒で1回転させる必要があります。実際、JAXAは宇宙ステーションの実験棟「きぼう」において、細胞培養器に回転を利用して人工重力を発生させています。これは直径35㎝なので、およそ1秒で1回転ほどさせれば地球と同程度の人工重力が再現できます。

取り残された男の救出作戦

ここまで、火星に残った主人公と宇宙船に乗るクルーたちにフォーカスしてきました。それでは、地球ではどのような救助策が考えられていたのでしょうか。

まずは、食料などを積んだ補給機を火星へ打ち上げることが計画されます。しかし、到着日数を短くしようと、ロケット製作の最後で点検を大きく省き、補給機の打ち上げは失敗してしまいます。そこで急遽《きゅうきょ》計画を変更し、クルーの乗ったヘルメスを地球で周回させて、食料を補給し、火星へ向かうというアイデアに切り替えました。つまり、帰還させずにさらに500日の延長ミッションということになります。最終的に、このクルー船をもう一度火星に戻して、彼を火星から帰還させますが、往復の日数的に少し無理がある印象でした。この計画の問題は、火星でのキャッチです。月のときのランデブー方式と同じです。宇宙でドッキングさせるための技術です。これをぶっつけ本番でやろうというのですから、なかなかにリスキーな救助です。

宇宙空間でヘルメスが、彼の脱出船を捕まえられる時間は、50分程度でした。それまで、マット・デイモンが演じる主人公は日に日に痩せこけ、体中には内出血のあざがいくつも浮かびあがっています。栄養失調寸前という描写です。それもそのはず。その頃は、1日ジャガイモ半分程度で過ごさなければならなかったからです。過酷すぎます。それでも何とか長距離移動を成し遂げ、脱出機がある場所にたどり着きます。幸運にも、この昔の遺物が無事に起動し、発射できることになります。ここらへんは、かなりフィクションの要素が強いですが、とにかく、火星からなんとか脱出に成功します。このの脱出するタイミングも、迎えにくるクルー船の到着と時間をそろえておかないと、うまくいかない計画です。

12Gというすさまじい、加速度がかかり失神し、肋骨《ろっこつ》を骨折しながらもなんとか宇宙空間に出た彼。ここからは、クルー船ヘルメスとのドッキングが映画の最後の見せ場になります。

距離は、お互い70kmも離れています。うまくインターセプトするためには、相対速度が秒速11km程度でないと難しいようです。しかし、距離が離れているため、それを縮めようとすると、秒速が40kmにもなってしまうのです。宇宙服の噴射装置をスラスターといいますが、これを利用して速度を調整しようと提案します。しかも宇宙服に穴をあけて、なかの空気を逆噴射させて逆推力を用いようとします。まさに命がけですね。そこは映画なので、無事にうまくいき、彼はヘルメスへの生還を果たします。

火星の夕日

この章でも最後に火星でのあるあるをいくつか紹介して、終わりたいと思います。

火星は、地球よりも小さく、重力はおよそ3分の1ほどしかありません。映画でマット・デイモンは地球と同じような動きをしていましたが、重力が30%であれば、もっと無重力に近い動きになるのではないかと思います。火星での歩行も月と同様に、少し跳ねたような動きになるのではないでしょうか。

こうした宇宙のさまざまな重力環境で、どのように活動が変わるかは、もっといろいろな検証をしないと分かりません。手塚治虫の『火の鳥』では、岩石が上に登っていく逆の重力が働く惑星が登場しますが、似たような上への引力が働く惑星は実はあります。

それは、太陽系にある木星の月、イオです。

この天体は、正確には惑星ではなく、木星のまわりを回る衛星（月と同じものだと思ってください）ですが、木星の巨大な重力によって、強い潮汐力《ちょうせきりょく》という力を受けています。これは海で波が持ち上がる力であり、地球では月によってこれが起きていますね。海の満ち引きの源です。この潮汐力だけで、岩石が上にあがることはもちろんありませんが、もし海があれば高波が数十ｍにもなります。

このように地球とは異なる重力や潮汐力の世界では、見たこともないような現象が起きている可能性は十分にあります。実際に、イオにおいては宇宙空間にまで噴煙があがる火山もあり、宇宙では氷を噴出する火山があります。本当に想像を超えた世界が広がっているのです。

また、火星の夕日が青いということはご存じでしょうか。

いや、そもそもまず、皆さんは地球上で夕日が赤い理由をご存じでしょうか。

それは、日の入りの地平線近くから入ってくる光が、昼間に比べて長い距離、大気中を通って、より強く散乱を受けるからです。これによって、波長の短い青い光が昼間以上にはぎとられてしまい、結果的に赤い光が残って地球で夕日は赤く見えます。しかし、火星では、この空気の層がほとんどないので、地平線からくる光も昼間と変わらず、さほど散乱されないで届きます。つまり、青い光が散乱されずに残っているので、青い夕日となるのです。

地球の赤い夕日とはだいぶイメージが異なりますね。これも映画のなかで描かれていたら、なおリアリティが高くなったと思います。地球とは違う、すてきなブルーの夕日が画面で見られれば、あなたもきっと火星の虜《とりこ》になっていたことでしょう。『オデッセイ』では、過酷な環境で生き抜く生存する姿がメインなので、これだけ見ていると、火星なんて行きたくないと思ってしまう人が大半かもしれないので、火星らしい何か絶景を描いてほしかったですね。

他の太陽系惑星を舞台にした作品

太陽系の惑星への着陸を描くＳＦ作品は他にもあると思います。よく誤解されるので、コメントしておくと、木星や土星の場合はガス惑星なので、そもそも降り立つ地面が存在しません。なので、人類が着陸するようなＳＦで、木星・土星を題材に扱う場合には、それらのまわりを回る月を舞台にするしかありません。１９８１年には、そんな木星の衛星イオを舞台にした映画『アウトランド』がショーン・コネリー主演で公開されたようです。

第2部でいままでに触れたような現実味のある映画とはジャンルが違いますが、映画『ジュピター』という作品もあります。これは、かなりフィクション要素が強いですが、一応木星を舞台にしており、あるシーンでは宇宙船で木星のガスのなかに突入すると、そのなかに大きな宇宙人の施設が現れます。施設がガスのなかに浮いているのかは不明ですが、木星に突入する雰囲気は少しつかめるかもしれません。また、木星の重力は地球の2倍以上になるので、彼らの筋力や骨格は我々よりも圧倒的に強力ということになりそうです。その状態で地球に来ると、私たちが月で活動するように、彼らは普通に歩行することもできません。生物はどれも、その惑星に固有の重力環境だけに適応し、そこでスムーズに動けるように進化してきたはずです。

第9章
論文にもなったブラックホールのリアルな姿
『インターステラー』

『インターステラー』デジタル配信中、ブルーレイ 2,619円（税込）／DVD1,572 円（税込）、発売元：ワーナー・ブラザース ホームエンターテイメント、販売元：NBC ユニバーサル・エンターテイメント

銀河と銀河の距離

次に、太陽系を離れた宇宙トラベルものとして映画『インターステラー』を紹介します。監督は第3章でも紹介した『TENET』と同じクリストファー・ノーラン監督です。さらに科学的監修にアメリカのノーベル物理学賞を受賞したキップ・ソーン博士が加わっており、科学的な裏付けがあったり、映像処理がなされている作品となっています。この2人のタッグは、『TENET』でも健在でした。ここではストーリーを追いながら、この作品を通して太陽系を離れた世界を語っていこうと思います。

まず、『インターステラー』でも宇宙船には『オデッセイ』で描かれていたような、回転して遠心力を発生させる機構がありました。さらに、長時間の飛行なので、コールドスリープのような装置も搭載されているようです。私はこの技術の現状を完全に把握しているわけではありませんが、数年前にアメリカの大学で、ゼブラフィッシュと呼ばれる淡水魚の胚を無事に解凍することに成功したというニュースがありました。また、冷凍した生殖細胞を解凍して用いるということでは、不妊治療技術として私たちの日常にすでにあります。受精卵と実際に生きている生体ではクリアしなければならないハードルは大きく異なるはずですが、哺乳類や人類を冷凍させて、再び解凍する技術もきっと遠くない将来実現可能となるかもしれませんね。欧州宇宙機関は、コールドスリープ技術を20年以内に実現したいともいっています。

映画で宇宙トラベルの目的は、地球が環境的危機を迎えたために、移住できる惑星を一刻も早く探すことでした。その計画は2年かけて土星にたどり着き、そこから土星付近になぜか発生したワームホールを通って、移住先の候補となる星へ向かうというもののようです。

ここで、皆さんは銀河のイメージをお持ちでしょうか。

私たちの太陽も1つの星で、他に数千億の星が集まって円盤状に回転しているのが、銀河です。太陽系はこうした銀河の1つである天の川銀河に属しており、銀河の数は全宇宙で約2兆個と言われています。そういった意味で、太陽と同じような惑星系は、宇宙に無数にあると言え、地球のような環境の惑星や、そこに生命がいる可能性も十分に高いといえます。実際、２０２１年の英ネイチャー誌には「人工的な電波を受信可能な地球と同じく水がある惑星が、私たちのまわり１００光年以内に29個ある可能性がある」という記事が掲載されました。これは系外惑星という太陽系以外の惑星を詳細に探査するプロジェクトで得られたデータに基づいて統計的にその可能性を見積もった数値で、実際の発見数ではありませんが、これを信じると、すでに私たちの文明による人工的な電波が、彼らに受信されている可能性はあるのかもしれません。

ただし受信できたとしても、相互にスムーズな意思疎通を図る交流には大きな障害があります。それは、これらの星同士の距離があまりにも離れているという点です。例えば、太陽の隣の星はケンタウルス座アルファ星ですが、両者の間の距離は約4光年です。光で交信するにしても、往復で8年は普通にかかってしまいます。現在、人工物として最遠方にあるのはボイジャー1号ですが、未だに太陽系の端にようやく来た程度です。そこから別の星の惑星系まで行くには、さらに想像を超えた距離の開きがあります。

この非現実な長距離移動を可能にしないと、映画のような太陽系を超えた銀河世界のＳＦ作品は成立しません。多くは、ワームホールを用いたショートカットや、ワープと呼ばれる瞬間移動のような仮想の技術が設定として用いられています。それでいうと、この映画は、うまいこと太陽系内にワームホールの入り口があれば、という設定でこの点を乗り越えています。

映画の設定では、どうやらワームホールの出口は、別の銀河だということです。つまり、天の川銀河さえも超えたスケールの移動になっています。天の川銀河に一番近い隣の銀河は、アンドロメダ銀河ですが、それでも２５０万光年もあります。光の速度で２５０万年です。あえて別の銀河にしなくても、ストーリー的には天の川銀河の別の星でよかったように思いますが、そこは置いておきましょう。いずれにしても、土星付近のワームホールを通って主人公たちは別の惑星の探査に向かいます。

ワームホールを通過できるか

映画ではワームホールに入る様子をそれらしく描いているのが面白いです。

まず、向こうの銀河内が球体のなかに浮かんで見えてきます。どうやら、この球体がワームホールのようです。宇宙船はゆっくりとこの球体に近づいていきます。そして突入直前に、クルーの１人が「太陽系とはお別れだ」と言い、別の１人が「さらば　わが銀河」と言って、ワームホールへと侵入していきます。

ワームホールとは時空上の異なる場所を結ぶトンネルのようなものです。もしこれを通過できると、一瞬で異なる場所に移動できるので、ワープが可能だといわれています。しかし、ワームホールを単なる物質が通過できるかどうかは分かっていません。理論的には、負のエネルギーが必要であるといった研究があります（28ページ参照）。

ワームホールは、研究している学者もいますが、候補となる天体が未だに観測されていないので、単に理論上の話にとどまっています。その入り口は、ブラックホールの解が用いられるものが多く、関連した研究も多いです。例えば、ブラックホールに落ちると、ワームホールでつながったホワイトホールが出口となって、再び宇宙の別の場所に吐き出されるという仮説があります。

ホワイトホールも候補天体がない理論上の存在ですが、宇宙とは実に広大で、宇宙のどこかには存在している可能性は否定できません。ワームホールが宇宙のどこかにはあるけれども、まだ観測されていないだけということも十分に考えられます。それに、現実にあるかどうかは別としても、どのような物体ならそれを通過することができるのかを計算して議論することはできるので、このテーマだけでもいろいろな学説があります。

いくつかのワームホールに関する科学的な知見をお伝えしましたが、映画ではそういった込み入った話は横に置いといて、クルーたちはとにかくワームホール通過します。その先には3つの移住先となる惑星の候補があるということです。

7年近い時間のずれが起こるには

まずクルーたちが目星をつけたのはミラーの星と呼ばれる惑星です。

ここで、各惑星のお話に入る前に用語の整理を少ししておきたいと思います。この映画では、「星」という表現を惑星の意味で用いているようですが、本来はきちんと区別すべきです。星とはあくまで自ら光る太陽のような天体のことで、正式には「恒星」が正しい用語です。私たちが住んだりできる岩石の天体はこの恒星ではなく、全て惑星です。恒星に近づいても意味はありません。

このミラーという惑星が、どうやら出口から一番近い距離にある天体のようです。しかし、その傍にはガルガンチュアと呼ばれるブラックホールが存在し、その星では重力的な時間の遅れによって、1時間の滞在が宇宙船での7年に相当するという設定でした。いわゆるウラシマ効果です。しかし、まじめに計算すると、これほどの時間の差が生まれるには、相当無理のある設定であることがすぐに分かります。同様の効果を得るには、ブラックホールの地平線と呼ばれる光さえ出てこられない領域の極めて近傍に、この惑星がないといけません。しかし、この場所に惑星があると、安定した公転運動を続けられないことが分かっています。安定的に存在できるもっとも内側の軌道は、ブラックホールの地平線の3倍です。つまりブラックホールの大きさの3倍まで離れなくてはいけません。もし安定した公転軌道でないと、ブラックホールに落ちていく軌道をとります。つまり、その惑星自体が飲み込まれて消滅してしまうことになります。

では、ブラックホールの3倍の距離にある惑星の時間の流れを実際に求めてみましょう。計算すると0・81倍です。つまり遠くで待機している宇宙船に対して、この惑星では時間の遅れが2割程度、1時間惑星で過ごしたとすると宇宙船では1時間15分が経過したことになります。15分の遅れだと、ちょっと遅刻した程度ですね。

また、映画の演出を実際に実現しようと、仮に惑星の位置がブラックホールの地平線ギリギリにあったとして、次にネックとなるのは、母船に帰還するためブラックホール近傍の強重力圏を脱出する必要があることです。これは重力的にまず脱出することができません。ブラックホールの地平線とは、この世の最高速度である光がギリギリ脱出できるかどうかの境界領域です。光よりもはるかに遅い探査船では、片道のみの移動だと諦めるしかありません。

一方で、このミラーという惑星の重力自体は地球より30％重い程度で、ブラックホールによる時間の遅れが生まれるのにその程度なのかと思うかもしれませんが、これは別に間違ってないです。時間がとても遅いからといって、そのぶん惑星の重力も大きくなることはありません。その惑星の重力は、あくまでその惑星の大きさだけで決まります。

時間の遅れとは、ミラーと母船の例のように相対的なものでしかありません。つまり、時間がゆっくりだから、体感でもゆっくりとしか動けないということではなく、異なる重力環境にあるお互いを比べて初めてその遅れを実感できるということです。

この惑星は重力とともに潮汐力も非常に強力のようで、巨大な高波が宇宙船を襲います。こういった地球ではありえないようなダイナミックな現象を、実際の映像として描いてくれるシーンは、いいですね。異なった宇宙環境を、想像上だけでも実感できるものです。

他方で、このシーンを少し注意深く見ると、背景の景色からこの惑星の環境についてのいろいろな疑問もわいてきます。

まず、通常の太陽系のように、太陽の位置にブラックホールであるガルガンチュアがあって、そのまわりを惑星が公転しているという状況だけでは成り立たないことが分かります。

画面上では、つねに空が明るくなっているので、別途太陽となる星があるはずです。現実にも、ブラックホールと星の連星はあるので、そういった状況なのかもしれません。また、この惑星には海があります。つまり、この裏設定で存在している太陽とこの惑星は、水が液体でいられる適度な距離にいなければいけません。これらの条件と、先ほどの時間の遅れが実現する、ブラックホールとの距離の関係を全て満たすように、全ての天体の設定をすると、一体この惑星系の環境はどうなっているのか……いろいろ考えてしまいますね。

地球との通信

ミラーでの滞在はわずか数時間で、その星の情報が記録されている目的の観測器すら高波により回収できずに、クルーたちは小型の宇宙船でこの惑星から脱出します。

前にもいったように、地球よりも大きい惑星から脱出する場合には、小型機だけでは困難だといえます。地球以上の重力圏から脱出するには、質量の大部分を燃やして捨て去る必要があります。つまり、小型機の質量以上の、大質量の燃料船をあらかじめ着陸させておかないといけないのです。まぁ、映画はあくまでフィクションなので、そこは柔らかい目で見て次に移りましょう。

彼らは命からがらに待機していた宇宙船に戻ると、待っていたクルーはそこで23年もの歳月を過ごしていたということです。まさに逆ウラシマ太郎状態です。待機クルーの23年に及ぶ孤独は想像を絶します。

彼らがミラーの星に行っている間には地球から多くのメッセージも届いていました。主人公は1つずつそれを視聴していきます。しかし、もともとここは、天の川銀河を超えた数百万光年先の場所です。普通に通信していたら、人類は確実に滅亡しています。ワームホールをうまく通過する通信手段を見つけていたのでしょうね。しかし、この通信ができるのなら、有人で送り込む前にもっと無人の探査もできたと思うので、そこらへんがちょっと気になるところです。例えば、宇宙人などが、自分の惑星が滅亡して移住してくる目的で地球に攻めてくるなら、そんな切羽詰まった状況の前に、まずは無人探査を数十年にわたって徹底的に行って、もっと段階的に移住へと移らないのかと疑問に思ってしまいます。

再びあの男が取り残されていた

候補惑星は残り2つです。どちらに行くべきか激論が交わされますが、最終的には事前に惑星調査へと向かったマン博士がいる惑星に行くことになります。

このマン博士は『オデッセイ』に続き、マット・デイモンが演じています。しかも、彼はこの映画でも孤独に移住候補先の惑星で待機するという、似たような境遇の主人公を演じていました。2度も無人の惑星で待ちぼうけをくらうとは……なかなかすごいですね。

クルーたちが到着するまで冬眠スリープに入っていたマン博士。彼らはマン博士を起こして、この惑星の移住可能性を検討します。この惑星は、どうやら基本的に氷の惑星のようです。昼夜関係なく気温は低く、雲まで凍ってしまい、1日のうち昼は67時間続くようです。相当長いですね。重力は地球より2割ほど軽いようで、遠心力がない国際宇宙ステーションでの重力とほぼ同じです。

これだけ聞くと一見、生命には適さない惑星環境のように見えます。しかし、マン博士は氷の下が有望で有機物や大気となる成分が期待できるといいます。

ただ、これはマン博士の嘘でした。オデッセイの誠実で前向きな役とは異なり、マン博士は、この惑星から自分だけ脱出するため、クルーを裏切ろうとしていたのです。ここらへんが、2つの映画を短期間で連続して見ていた自分には混乱の極みでした。火星では英雄的な人物だったのに、「なんだよぉ」と切ない気持ちでした。

それはさておき、結局、マン博士の裏切りは成功します。彼は乗っ取った小型宇宙船に乗り込み、宇宙空間で待機する母船へ向かい、ドッキングを試みます。しかし、手動操作のなか、彼は無理やりなドッキングを強行。結果、エアロックが不十分で小型船ごと大破して死んでしまいます。

　ここはとてもシリアスなシーンですが、それとは反対に私は演出に感心させられました。それは、音のない大爆発のシーンです。

　宇宙もののＳＦ作品では、『スター・ウォーズ』を筆頭に宇宙空間で戦闘するとき、大音量で撃ち合ったり、爆発したりします。ただ、実際は宇宙空間が真空なので、全く音は伝わりません。もちろん派手なアクションが無音だとどうしても空しく見えてしまうので、映画はこれでいいと思います。一方、無音で逆に宇宙空間の恐怖を感じさせるような『インターステラー』の爆発の演出は、これはこれで好感が持てます。今後はこの手の宇宙戦争もので、何かうまい無音の演出を映画界で発想してもらえたらと思いました。無音で静かなのに、突然、高速度で飛んでくる爆発の破片が宇宙船の窓を貫くといった、音に頼らない迫力シーンをスクリーンでも見てみたいですね。

ブラックホール内部への宇宙旅行

最終的に、物語は主人公がブラックホールであるガルガンチュアに向かいます。

そのブラックホールの画像は、まさにキップ・ソーン博士が実際にブラックホールまわりの光の軌道を一般相対性理論で計算した画像をもとにしており、非常にリアルです。彼は、とてもまじめな研究者で、この映画のために用いたコード開発（光がどのように伝播して見えるかについての計算）の手法を、それ自体で学術論文にもまとめています。すごいですね。２０１９年に人類が初めて視覚化したブラックホールの画像が公開されましたが、そのときには、この映画のブラックホールの画像が比較として紹介されるほど正確にできています。一度、じっくり映画でご堪能ください。

映画の話に戻りましょう。

主人公がブラックホールに向かう目的は、重力と量子力学の統一理論を完成させるために必要なデータを取得することです。前にも触れましたが、統一理論とは自然界の４つの力を統一的に扱える究極理論のことです。この完成のために、ブラックホールの特異点が果たす役割は科学的にも重要なことが分かっているので、その情報を取りに行こうというのです。

特異点とは、簡単にいうとそこで物質のエネルギーが無限大に発散している点を意味します。ここでは通常の物理量の予言ができないので、これがむきだしで存在すると理論が破綻してしまいます。これを裸の特異点といいます。２０２０年にノーベル物理学賞を受賞したペンローズ博士は、ホーキング博士とともにこのブラックホールの特異点が、どのような数学的条件のもとでなら、裸の状態で現れないかを研究しました。ブラックホールは通常、このような特異点のまわりを、地平線というものが覆い隠しているために、特異点は裸ではなく、直接観測されることはありません。この領域は、物理の統一理論に関わる究極的な場所であるので、物理学の未来を担う人類未踏のフロンティアといえます。

一方で、ブラックホールに入ることは、決して出ることができないことを意味します。こらへんから映画は、科学的には矛盾が多くなるので、あまり深く突っ込んでも仕方ありませんが、一応、どうやって出てくるかを好意的に解釈しましょう。それは、ブラックホールからエネルギーを取り出すペンローズ過程というものを利用します。

詳しい説明は省きますが、ブラックホールには大きく2種類があり、回転しないものと回転するものがあります。この回転するブラックホールでは、エルゴ球と呼ばれる特殊な領域があり、ここを利用するとエネルギーを獲得できる方法が理論的には分かっています。しかし、現実味のないあくまで原理的なシナリオです。映画では、この過程を利用して運動量を獲得して、脱出するということを語っています。

とにかく、ブラックホールの内部から彼は無事、特異点のデータを地球に送信します。

ここで突然、ブラックホールの内部に高次元の立体構造物が登場します。イメージとしては、このデータによって方程式が解けると、統一理論が完成し、高次元の視点を持てるということをいっています。

『インターステラー』から眺める高次元の世界

ここで高次元の空間から、映画冒頭の幽霊の部屋の設定がリンクしてきます。冒頭では主人公の家で何もないところから砂が落ちてきたり、本棚から書籍が規則的かつ勝手に抜け落ちたりするのですが、実は超立方体の空間があの部屋とつながっていて、５次元方向を使って、特異点のデータをモールス信号で自分の娘に伝えるというのです。そもそもモールス信号で伝えられる特異点ならではのデータとは何なのか科学的な説明をつけるのは難しいですが、ここでは、５次元宇宙モデルについて少し解説してみたいと思います。

統一理論の現在の候補である超弦理論では、時間１次元に加えて、空間は９次元もあります。このままでは、私たちの空間３次元の世界と相いれないので、通常は、コンパクト化という、残りの空間次元を小さくまとめるという操作をします。そのなかで、ブレーン宇宙というものが考えられました。

これは膜宇宙とも呼ばれ、膜の上が空間3次元に対応しており、余分な空間1次元方向が、膜が移動する次元となっています。例えるなら、浴室の「シャワーカーテン」が膜宇宙でその上にひっついて、落ちる「水滴」が私たちを含む全ての粒子です。物質は、全てこのカーテンの上しか移動できません。これが空間3次元方向です。しかし、カーテン自体は、カーテンレールの上を移動できます。これが4つ目の空間次元に対応しています。カーテン上の水滴は、カーテンを離れてこの4つ目の方向に移動することができません。いわゆる拘束された状態になっています。さらにここへ時間も入れると、全部で5次元の宇宙モデルとなります。映画では、この5次元目の空間次元を使って、娘の部屋の本を落としたりして、メッセージを伝えています。

ブレーン宇宙モデルでは、この次元を伝播できるのは通常の物質ではありません、重力波という時空のさざ波だけです。重力波は確かに重力に関係するので、映画のようになんとなく本を落とすといった力学作用ができそうですが、それはかなり厳しいです。重力波は、物質との相互作用が非常に低いものです。２０１６年に人類は初めて、宇宙から来た重力波を観測しましたが、これまで存在は分かっていたのに１００年近くも観測に至らなかったのは、このシグナルが非常に小さいからです。シグナルが小さいということは、この波を利用して物を移動させたりすることが極めて困難だということを意味します。この波を照射しても、物質を素通りしてしまうといったイメージに近いです。ですから重力波だけが伝播する高次元を利用しても、メッセージ送信は事実上不可能といえます。

　この映画では、なんとなくこの高次元を重力以外の「愛」が伝播するということを、想定している気がします。愛で説明されてしまうと、私はお手上げですが、とにかく高次元の視点だから、時間を飛び越えて過去に干渉できると簡単に考えてはいけないといえますね。そもそも、現在の高次元宇宙モデルでは、基本的に時間の次元は増えません。もちろん映画はフィクションですので、表現の仕方は自由です。ただ、科学的に議論をする場合、高次元だから時間も自由に過去と未来が見えるというのは、愛で説明することとあまり変わりません。

第10章

星間飛行に必須のアプリケーション

『スター・ウォーズ』シリーズ

宇宙を巻き込む家族

次は銀河系全体、つまり星をまたいで移動する星間飛行を当たり前に行う設定のＳＦ作品を取り上げていきましょう。

代表は、やはり映画『スター・ウォーズ』シリーズですね。監督はジョージ・ルーカス。１９７７年にシリーズの最初に公開されたのはエピソード４でした。長い長編の物語をこのように途中から作って公開した理由は、当時のＣＧといった映画技術が発達しておらず、未熟であったことが背景にあります。エピソード４～６まで公開されたのは１９８３年でしたが、その後、映像技術がようやくルーカス監督の構想に追いつき、エピソード１～３が製作されます。１９９９年にエピソード１が、２００５年にエピソード3が公開されました。ここまででも実に長い映画の歴史を持っており、異例ともいえる壮大なスペースオペラ作品の地位を不動にしています。

その後、監督がJ・J・エイブラムスやライアン・ジョンソンに変わり、さらに3エピソードが製作されます。2015年にエピソード7が、2019年に最新作のエピソード9が公開されました。長いストーリーは詳細を省けば、結局、スカイウォーカーという家系のお話です。エピソード1～3ではダース・ベイダーとなるアナキン・スカイウォーカーが、エピソード4～6ではその息子であるルークが、エピソード7～9ではその娘であるレイが主役となり活躍します。銀河系に影響を与える、なんともお騒がせな家族ですね。

この映画の魅力は何といっても、さまざまな惑星の人種とキャラクターが登場するところです。とくにジェダイという侍のような集団がおそろしくカッコよいので、その活躍に魅了される人も多いのではないでしょうか。私は個人的に、エピソード1とエピソード3が好きです。エピソード3では、全作品でもっとも多くのジェダイが集結して、大規模な戦いをするシーンが素晴らしく、エピソード1では、アナキンの師匠となる2人のジェダイが、ダース・モールという赤い鬼のようなライトセーバーを使う敵と一騎打ちするシーンがとくにお気に入りです。剣道のように、格闘に入る前に息を整え、敵と礼を持って対峙する格闘シーンには、日本人としてどこか親近感を覚えてしまいます。ジェダイの衣装も柔道着に似たものになっており、日本好きのルーカス監督ならではともいえます。

銀河系を支配するとは

スター・ウォーズでは、帝国軍というダース・ベイダーを筆頭とする悪の集団が銀河系の支配を目論みます。ここで銀河系の支配が一体どういうものか、少し想像してみましょう。まず、私たちの太陽系が銀河のどこに位置するかをご存じでしょうか。

天の川銀河の円盤は、半径にして大きさ5万光年です。この銀河の半径のほぼ真んなかあたりに私たちの太陽系はあります。銀河の中心には巨大なブラックホールがあり、そのまわりを囲むようにバルジという星の固まりがあります。これらを中心に、銀河の星々は洗濯機のようにぐるぐる回転しています。1周するのには約2・5億年程度かかるといわれています。

この時間スケールが生命や文明のスケールといかにかけ離れているかを考えてください。

太陽系全体を支配したいとして惑星ならせいぜい海王星までです。支配している以上、通信して伝達事項を連絡することは必須だと思いますが、地球から海王星までなら光で片道4

時間程度、公転周期は約１６５年です。公転する時間はあまり関係ないとしても、往復通信するために半日程度もかかります。

銀河系スケールならより膨大な時間が必要でしょう。数万年は余裕でかかります。

文明が10万年も続くとは、いかに宇宙広しといえども無理な気がしてなりません。人類では四大文明から数えたとして、ざっくりと1万年続けばいいほうではないでしょうか。その私なりの根拠は、高度に発達すればするほど、一瞬で全世界を破滅させうる科学兵器が開発されてしまうので、文明を継続させる上での不安定要素も加速度的に増えるからです。

すでに自国の文明が破滅しているかもしれない数万年という時間をかけてまで通信する距離にいる相手国を支配するとは一体どういった状態なのか、地球における国の支配とは全く異なることが分かると思います。

銀河系といっても、もっとローカルな場所を想定しているならまだ話は分かります。例えば、太陽からの距離２０００光年以内は地球から見える星座という星の世界といえます。星座はあくまで肉眼で見ることができる星を天空の線でつなげたものなので、せいぜいこの距離の範囲にある星が主役となっています。ですが、この２０００光年程度の距離にある星々であっても、通信するためには数千年という時間が必要になります。キリスト誕生の頃に出したメッセージが今返信されて戻ってきても、会話になるとはとても思えません。

支配というのは、通信以上に直接現地に乗り込まないといけないので、やはり星間移動をどうするかが最大のカギです。数光年も一瞬で移動できるのであれば、きっと通信も同様に短縮できるはずですが、そこら辺のスケール感が、映画では「銀河」とざっくりいっているだけなので分かりませんね。それでも、せいぜい支配できるのは数十光年の範囲だと勝手に想像しています。いくら技術が未知といえども、移動や通信を考えると、妥協してそのくらいの銀河の片隅の支配になるのではないでしょうか。それほど、星同士の距離というのは圧倒的に離れており、宇宙は星々というよりも、全く何もない空間が永遠に続くと考えたほうがスケール感として近いといえます。

支配する目的は、物資や人材などの資源を輸送し獲得することだと思いますが、繰り返しお伝えしてきた通り、星同士の距離の関係から、これができるのはせいぜい1つの星の惑星系だけでしょう。それでも、太陽系支配のようなことができれば、文明としては十分すごいことです。さらに離れた別の星とそのまわりの惑星を支配するとなると、物資の輸送などが現実的にできないので、一体どんな目的でそんなちょっかいを出すのでしょうか。その真の目的を語ったＳＦ作品の悪党は今のところ皆無のような気がします。

星間移動を前提としたスペースオペラとして『スター・ウォーズ』と似た作品に、『スタートレック』もあります。

これは、『スター・ウォーズ』よりも人種の異なる宇宙人同士の交流や人間ドラマがメインの、アメリカドラマが得意なソープオペラという形式をとっています。

星間飛行を科学的に考えてみる

星間移動の方法を科学的に少し考えると、これまで登場したワームホールを用いるものとは別に、アルクビエレ・ドライブという理論が提案されています。簡単にいうと、船の前後の時空を歪めて、ビッグバン宇宙の爆発のような時空構造を実現させるというアイデアです。

宇宙の最初はビッグバンという火の玉のようなものです。ここから宇宙は急速に膨張していきました。時空の歪みのことを曲率といいますが、ビッグバンでの曲率は原理的には無限大となっています。これと同様に船の後方でも小規模のビッグバンのような曲率を生成し、これを推進力として利用するというものです。初期宇宙の大爆発に乗って船を移動させるというイメージでしょうか。

このアイデアを提案したアルクビエレ博士は、この発想を『スタートレック』シリーズで描かれているワープ技術から着想したようです。まさに映画が見せる想像世界を科学に生かした例といえるかもしれません。しかし、このアイデア、実現するために必要なエネルギーを計算すると、宇宙全体のエネルギーよりも桁違いに大きいという最大の欠点があります。『スタートレック』では、エンタープライズ号と呼ばれる船が、ワープフィールドで包まれ、光速を超えるという設定で、アルクビエレ・ドライブのように船体の前後で時空が歪むということをいっています。

光速を超えるという意味では、タキオンという仮想的な粒子が提案されています（61ページ参照）。

これは自然界で観測されたものではなく、あくまで理論上の存在です。もしタキオンが本当に存在し、かつそれを人工的に操作することができた場合には、超光速の移動が可能になるかもしれません。仮に移動できなくても、タキオン粒子を用いれば、光速を超えた通信が可能なので、近くの星の惑星系とも連絡が容易になることは間違いありません。それ以外にも、光速という限界速度を破れる物質は、原理的には過去にメッセージを送ったりできるので、タイムマシンにも成りえるとも考えられます。ただいずれにしても、タキオンが本当に存在するのか、その点がまずはっきりしておらず、タキオンの候補となる素粒子も全く見つかっていません。

スリープ技術の必要性

『スタートレック』では、次のようなセリフがあります。

「ワープ技術が開発されるようになって、スリープ装置を用いる必要がなくなった」

これはきっとそうなるでしょうね。飛行方法が現在とそれほど変わらず、数十年という長時間の飛行になるならば、人体を仮死状態にするスリープ装置は必須です。一方、飛行方法がワープとして実現できるようになれば、もはやそのような技術が不要になるでしょう。

映画『パッセンジャー』では、このスリープ装置にまつわるパニックが描かれています。新たな居住惑星へ向かうため、１２０年間冬眠しながら移動するはずが、乗客５０００人のうち突如2人だけが90年も早く目覚めてしまいます。普通なら、もう一度装置に入ればよさそうなものですが、それがうまくいかないという設定で話は進んでいきます。閉鎖された世界でたった2人、90年近くを過ごすのは全く想像したくない世界ですね。

前に少し触れましたが、宇宙旅行に限らず、この仮死状態のようなスリープ装置は、難病などの治療や延命のために需要がありそうな未来の技術ではないかと思っています。ある意味、未来へのタイムトラベルとなっており、現在の医学では治療が困難な身体でも、１００年後に目覚めれば治る可能性はありそうです。どのような用途で利用するかはともかく、スリープ技術はもっと現実的に開発が進んでもよさそうなテーマだといえます。

量子テレポーテーション

『スタートレック』では、ワープ技術の他に、定番の転送技術というものも登場します。これは量子テレポートという科学技術に近いです。量子テレポーテーション自体は、眉唾物の空想科学ではなく、量子もつれという現象を用いた実証可能な現象です。実際に、量子というミクロな粒子の世界では、テレポーテーションのような転送が可能となっており、実験でそれらが確認されています。

しかし、転送といっても何か物質が移動するのではなく、粒子が持っている性質が瞬時に遠方に伝わるという表現が適切です。具体的には、電子のスピンという性質です。

電子は、上向きと下向きの2種類あるスピンという性質を持っています。よくスピンは自転という回転と混同して説明されますが、これは私たちの直観に従う力学では現れない量子特有のものです。例えば、「スピンが１／２なので、２回転すると、元に戻る」という表現を見かけることがありますが、かえってこれは混乱を招きます。単に２種類の状態があるというイメージでかまわないのです。

さて、電子は奇妙なことに、この２つの状態を同時にとることができます。これがいわゆるシュレーディンガーの猫と呼ばれる重ね合わせの原理です。さらに電子は２つのペアーで、「Ａの電子が上向き、Ｂが下向き」の状態と、「Ａが下向き、Ｂが上向き」という２つの状態を重ねることもできます。この特別な状態は量子もつれと呼ばれます。

これらをお互い離れた場所において、Ａのスピンを観測するとしましょう。すると、その瞬間にＢのスピンの状態は決定されます。なんとも奇妙な関係ですね。例えば、もしＡが上向きならＢは下向きとなります。Ｂの状態は、Ａの状態が観測で決定した瞬間に決まってしまうのです。

ある情報が伝わる速度は、通常、光速度を超えることがありません。しかし、この現象は原理的にはいかなる距離を離れていたとしても、光速度を超えて瞬時に伝わる全く新しい情報の転送であるといえます。繰り返しになりますが、ここでは物質自体が転送されているのではありません。

一方で、これを応用すれば見かけ上は物質を転送することができます。なぜそんなことができるかというと、転送先に送られた情報をもとにして物質の再構築を行うからです。つまり、転送先と入力元に同様の物質をあらかじめ用意し、スピン情報などのデータの転送を完了させることで、入力元の物質と全く同じものを、転送先で再構築するのです。

現在、この転送の最大サイズは原子までといわれています。この現状と合わせて転送技術を考えてみましょう。まずは、原子同士を規則的に並べた金属片のような無機物が転送できるかです。原子サイズまでの転送が現実的なので、まずこの金属を原子それぞれに分解して、独立に転送させることになります。そして転送先で再び、これらの原子を合成するといった段階的な作業が必要となるはずです。異なる原子が組み合わさった場合には、この転送先での合成作業は、それだけでも多くの課題がありそうです。これは、第1部のタイムトラベルの仕方でも説明した量子レベルの時間移動と近いメカニズムです（38ページ参照）。ターミネーターのところでも語ったように、ロボットや服を転送するほうが簡単なはずで、生物を送るというのは、物質である原子から生命を再び合成するようなものなので、無機物の転送とはレベルが異なります。

現状では、NASAが40㎞離れた地点へ光子の量子転送に成功したというニュースはありますが、総合すると転送技術はまだまだSFの域を出ないようです。それでも、こんな転送技術が超未来の科学技術として真剣に議論される日が来たらとてもワクワクしますね。

星間飛行に必須のアプリ

この章の最後では、『スター・ウォーズ』をはじめとした星間飛行が存在する世界があるとして、真っ先に必要なアプリについて考えてみたいと思います。

宇宙を旅する場合、地球の地図のような2次元の地図ではなく、3次元の地図でないと意味がないのは分かると思います。『スター・ウォーズ』のエピソード2では、ジェダイ図書館で、ジェダイが空間上に投影した3次元の星の地図を展開して、目的の星を探すシーンがありました。その地図は目的の場所にフォーカスすると、グーグルマップのように細かい情報が出てきていました。

このような地図は宇宙を旅する上で欠かせないものでしょう。ですが、ここにさらに付け加えておきたい要素があります。それは、目的の星から見える星座の地図です。

星座とはよく考えてみれば、3次元的に奥行きなどの距離がある星同士を、のっぺりと2

次元上に投影したものです。つまり、地球の夜空からではある形に見えても、別の惑星からは同じ星の集まりでも全く異なる形に見えるのです。ですが、地球上で星を語る以上はこの2次元地図こそが、まさに見えている星の姿そのものですよね。

それを踏まえて、例えば、宇宙人が暮らす惑星に初めて降り立ったとしましょう。現地の宇宙人から「どこから来たのか?」と聞かれて、地球人目線で「こと座のほうから来ました」とか「オリオン座のほうから来ました」と答えて伝わるでしょうか。

おそらくこの返答では、全く伝わりません。奇跡的に相手の宇宙人が地球から見える星の位置関係を熟知している場合を除いて、どこから来たのか伝えるためには、降り立った惑星から見える星座をもとにして答えなければならないでしょう。そこで目的の星における、星座表を表示するアプリが必ず必要になるはずです。

もっと正確にいえば、惑星ごとの自転の向きなども考慮する必要があります。

惑星ごとに自転する軸の方角は異なり、同じ惑星系で、見える星座の相対的な位置関係は惑星同士で同じであっても、北極星となる星座は異なってきます。例えば、横倒しで回っている天王星は、地球とは異なる星を北極星にして回っており、南極星がオリオン座にあたります。また、金星は自転方向が地球と逆向きなので、星座の日周運動もゆっくり西から東へと逆に移動します。

さらに、その惑星のどの緯度に降りるかによっても星座の見え方は異なります。地球でも北半球の星座の一部は、南半球では上下が逆になります。オリオン座は南の空では、逆立ちしていますね。ですから、目的地の星をズームして、惑星を選択し、さらに惑星のどこに着陸するかを選択して、星座表を作成するアプリが星間飛行には絶対に大事なアイテムとなります。地面でつながった地球上の位置とは大きく違い、宇宙では、このようにお互いがどのように見えるかを考えないと会話が成立しないことが、つかめていただけたでしょうか。

それでは、こうした自由に星間を移動できる技術があったとして、あなたならある惑星で宇宙人と交流しようとした場合、初めにどの場所を探査すべきでしょうか。地球でいうなら、大都市などの明かりを頼りに選定するのがいいのでしょうか。あるいは、二酸化炭素など何か文明の指標となる大気成分から選定すべきでしょうか。考えてみると面白いです。

四大文明を見ると、地球では大河の付近に発生していることが多いです。そしてなぜか、これらは北緯30～40度という範囲に多いという特徴があります。大陸の形に要因があるのか、それとも気候的な要因があるのか。南米の文明も含めると、地球規模では赤道を含む北緯・南緯それぞれ40度という範囲と古代の文明発生が、何か関係しているのかと思ってしまいます。宇宙の他の文明がいつか見つかったときは、そんな惑星における緯度や大陸、大河との関係などを、いろいろと比較して調べることができそうですね。宇宙人の人類学とでもいうべき比較ができれば、大変興味があります。

第11章

宇宙人と交流するならマスクを忘れずに

『メッセージ』

『メッセージ』デジタル配信中、Blu-ray 2,619円（税込）／DVD 2,075円（税込）、発売・販売元：ソニー・ピクチャーズ エンタテインメント

マスクは必須です

この章からは少し趣向を変えて、主に宇宙人との交流をテーマにしたＳＦ作品を取り上げてみます。宇宙人との交流というと、大きく２つのタイプがあると思います。１つは比較的友好な共存状態を築こうとするもの。もう１つは、好戦的で侵略や戦いを前提としたものです。前者のほうが交流というイメージに近いですが、ここではまとめて交流としています。

まず紹介するのは、映画『メッセージ』です。この映画は、言語学者と物理学者が、宇宙人との言語的な最初の交流を図るというテーマを描いています。

異なる惑星から来た宇宙人との交流でやはり気になるのは、この映画で扱うように、

①異なる言語同士でどのようにお互いを理解していくか
②異なる大気成分の環境に適応した生物同士がどのように交流するか

ということです。どちらも交流を進めていく上で大変高いハードルとなります。
①のハードルは、ＳＦ作品では宇宙人が一気に地球の言語を学習してしまうとか、地球の古代言語を知っているものが通訳するといった描写で、お互いに普通に会話してくるというものがほとんどです。一方、②のハードルは、こちらこそが実は一番問題なのですが、多くの作品では結構無視しているものが多いのではないでしょうか。たまたま大気成分が地球と同じという暗黙の設定があるのかもしれません。
しかし、宇宙の惑星環境を一般的に考察すると、大気成分にはほとんど普遍性がないことが分かります。例えば、地球で酸素が現在、大気全体の5分の1を占めているのは、40億年という地球の歴史の結果です。もともとはほとんど窒素しかない状態から、植物の出現といった数度の地球規模の酸化現象があり、酸素が大気中に徐々にたまって、ようやく現在の量になっています。

そもそも酸素を生命活動の呼吸に用いるのが、生命としての普遍な形態なのかさえ、地球だけ見ていても分かりません。ですから、宇宙服のような呼吸のための装置がないと、生身で交流などできないのです。

また、なかには最初は大気の問題を考慮した装備をしている作品もあり、大気を調べてからマスクを外すことがありますが、これも絶対に信用しないでください。一見、大気成分が近い数値でも危険な微生物やウイルスがいる可能性など、リスクのほうが圧倒的に高いことは明白です。映像的には、顔の表情が見えづらく見栄えがしないので、仕方ない処置ではあると思いますが、「マスク装着」は宇宙人同士の交流の鉄則です。

一方で、映画『メッセージ』では最初のほうでここらへんの設定をそれなりに説得力を持って説明しています。それは、宇宙人が決して宇宙船から一歩も出てこないというものです。重力や大気が異なる宇宙船内という設定になっているようで、大気を地球と同じに合わせても人は数分しか船内の共存ルームには滞在できず、さらに人と宇宙人の間は終始、透明な仕切りで隔たれています。

宇宙人と生身で交流するには

それでは、映画のようにマスクやカプセルで顔を覆うことなく、宇宙人と生身の身体同士で交流することは実現できないのでしょうか。この点を、作品は変わりますが、映画『アバター』では非常にうまく解決しています。主人公たちは現地の宇宙人の肉体（もしくは同じ外見になっているロボットスーツ）に自身の意識を移すという手法を用いるのです。操作する人物はＶＲのように宇宙人の視点や感覚を共有します。さらに、これなら呼吸などの大気に依存した生体活動のハードルもなんなくクリアできます。

この技術をより自由に操作できるように開発することが、もっとも現実的な宇宙人との交流方法だと思います。

もっといえば、宇宙人の肉体やロボットも必要ないかもしれません。ＶＲ空間に宇宙人同士が接続してバーチャルに交流できれば、それで事足りるはずです。これに近いのは、コロナ禍で広まったＺｏｏｍによる交流でしょうか。

画面の向こうの宇宙人と交流を始める。絵的には面白みがありませんが、これほど離れた文明同士を交流させるには、ベストな手段なのかもしれませんね。

テレパシーに必要なもの

『アバター』について言及したので、ついでに、ここで少し考えてみたいことがあります。

それは意識とかいったものが、別の生物の個体に宿ったりできるものなのかということです。いわゆるテレパシーですね。宇宙人では言語の問題などがあるので、脳内に直接語りかけるという描写かSF作品にはたびたび見られます。

ここで、自然界には4つの力の伝達方法しかないことが明らかになっています。電磁力ならば光ですし、クォークを結び付ける強い力であれば、グルーオンという媒介粒子が存在します。このような力を伝える媒介粒子が明確にないのが、唯一重力だけです。またこれは力ではありませんが、音を伝えるには空気が必要です。

つまり、ここでいいたいことは、もし離れた個体の脳内に直接伝播するテレパシーのような何かがあるのであれば、それを媒介するためのこうした素粒子が必ず必要ということです。空気もしくは光といった媒介する素粒子がないのに、勝手に伝播することはできないということです。この意味で、テレパシーはフィクションの域を出ることはないでしょう。

それでは代わりに別の個体に人格を移す、例えば脳を丸ごと移植した場合はどうなるのでしょうか。倫理的な問題がなければ、どうなるのか興味がありますし、脳を移植できるならば人格が移植されてもよさそうな気がします。専門家でないのでこれ以上は言及できませんが、宇宙人と人類で移植しあうなら、少なくとも人類と同じ脳の構造をとっている必要はあるでしょう。宇宙人と人類が、全く同じ脳の構造をとる理由は、大気と重力が異なるという理由と同じでありえないことだと思われます。ですから、この乗り移るという手法は、なかなか科学的に想像ができないものでしょう。

非線形の言語？

さて、話を『メッセージ』に戻しましょう。言語学者のチームは宇宙人の言葉を解読して、言語的な交流をしようと試みます。

彼らの文字は7本の指から広げて放たれる霧状の墨で書かれた円形のシンボルです。この円形の文字は、少なくとも文字に対応した音（発音）がある地球上の言語と違い、音と一切の関連性がありません。文字が発音を表す英語のような表音文字ではなく、どちらかというと漢字に近い、表意文字のようですね。いわゆるシンボルが意味を成すものです。そこで、言語学者らは音声での解読は断念して、このシンボルの解析に取り組むようになります。

解読が進むと、彼らの言葉はこの円1つで1つの文章のような構成になっており、円のまわりの筆で書いたときの毛先がはねたような模様が重要な意味を持つことが分かります。劇中の主人公の言葉を引用すれば、「2秒で複雑な文章を一発で描くイメージ」の言語のようです。また、円形であるためなのか、どうやら文章には前後の概念がないようです。これをもって、主人公は、彼らの言語を「非線形の言語」と呼びます。

この「非線形」という表現は初め、私の知るイメージと異なり、違和感があったのですが、どうやら言語学のほうでも線形・非線形の言語という表現があるようです。

本来、線形というのは単一要素の足し合わせを意味します。言語学では、１つの要素を例えば単語とすると、それが１つのある概念を表現しているときに、線形要素というようです。線形要素を足し合わせて、文章を作るイメージです。つまり、１つの要素が複数の概念や意味を同時に持つものを非線形要素ということができます。数学や物理学でいう非線形とは、確かにこれに似ており、単純な要素の足し合わせだけでなく、要素同士の積が影響してくる場合を指します。ただし、言語学は私の専門外で、言語学で何が要素の積に対応するのかなど、これ以上はより詳しい言語学者の方の助けが必要ですので、ここではこのくらいにとどめます。

映画では、こうした表現を用いて、地球上の言語学の分類以上に彼らの言語は複雑だということを表現したいようでした。複数の意味を同時に持つという特徴の他に、円形に表現された言語が、順序や開始位置さえも任意にとることができる複雑性を持っていると、作中では表現しています。これらを指して、「非線形（＝複雑）なんだ」といっているように見えました。

しかし、本当に前後関係が完全にない言語だとすると、地球人が解読するのは困難を極めそうですね。地球上のあらゆる言語は単語同士の前後の順序関係で意味が成り立っていますから。好意的に受け止めれば、おそらく回文のような構造になっているのかもしれません。つまり、前から読んでも、うしろから読んでも、同じ意味になっているのではないでしょうか。

宇宙人の妥当な目的

ツッコミはここらへんにしておきましょう。

言語学者らは彼らの言葉を少しずつ解読していきます。

同時にお互いを知るためのコミュニケーションも進みます。まずは名前を名乗りあう。次にジェスチャーを含めて「人間」や「歩く」といった単語を教えあい、共通の語彙を増やしていく。こうして言語学者らは彼らの言葉で簡単なやり取りができるようになりました。

では、宇宙人と意思疎通が図れるようになったとき、なによりも最初に聞きたいことは何になるでしょうか。私はこれしかないように思います。

あなたがたはどんな目的でここに来たのか？

これにつきますね。まずはこれがはっきりしないと、侵略なのか、単に興味本位できたのか分からないので、今後の関係性をどうするかも決められません。映画でも軍の大佐もこれを早く聞き出せとやきもきしています。

それでは実際に宇宙人が自ら地球に訪れるとしたら、その目的としては何が一番妥当なのでしょうか。ここでその目的を少し整理してみましょう。考えられるのは主に次の3つなのではないでしょうか。

①侵略・支配のために
②友好的な交流を図るために
③ただの興味本位

私は人類が宇宙を探査する立場で考えると、3番の興味本位がもっともしっくりきます。私たちと同じように、自分たちの星以外に生物はいるのか、いるとしたらそれは自分たちの星の生物とどう異なるのかといった、知的好奇心をまずは満たすために訪れるのではないでしょうか。その上で2番目の目的に切り替わるということはありそうです。1番目の侵略という目的で最初から来る場合は非常に少ないと思います。

というのも、大前提として侵略しようとする目的の惑星の大気や重力が同じ環境である保証はないということを思い出してください。大気の気体成分以外にも、どんなウイルスや感染症があるか全く予想がつきません。そんな環境の場所に、生身で乗り込んでいくことは、私たちが逆の立場なら絶対にしないはずです。月でさえ、有人でいくことと、無人探査でいくことでは、コスト的にも命の危険という意味でも、全く別次元のプロジェクトになります。

それでもあえて生身で乗り込んでくるとしたら、それは移住を目的とすることしか想像がつきませんが、それならそれで最初は無人で丹念に移住先の惑星を調査するでしょう。技術が進歩すればするほど、無人でもより自由な探査が可能になっているはずです。とすると、最初から生身で訪れるのは、百聞は一見にしかずの興味本位で、この目で見たいという好奇心のかたまりのような宇宙人しかいないのではないのでしょうか。

映画では、宇宙人が訪れた目的は「武器を与え」て「人類を助ける」という、人類と比較的友好な関係を築くことでした。さらに「武器」とは兵器ではなく、彼らが用いる言語そのものであるようです。果たして言語を与えて、人類を助けるとはどういうことなのでしょうか。それはぜひ映画を見て確かめてみてください。ここでは宇宙人との言語交流がどのようになるのか、少し具体的にイメージが膨らんだのなら、それで十分です。

また、この作品を撮ったドゥニ・ヴィルヌーヴ監督の新作『ＤＵＮＥ デューン　砂の惑星』が、図らずも本書の刊行と同じ２０２１年10月に公開されるようです。こちらも宇宙がテーマのＳＦ作品で、とある惑星を舞台に壮大な世界を描かれるそうで、楽しみですね。

第12章

「宇宙人の視力」と「恒星」の密接な関係

『V』

「V〈ファースト＆セカンド〉」、ブルーレイ コンプリート・セット（4枚組）6,788円（税込）、発売元：ワーナー・ブラザース ホームエンターテイメント、販売元：NBC ユニバーサル・エンターテイメント

巧妙な侵略計画

今度は海外ドラマ『V』を題材に、好戦的なパターンの交流を見ていきましょう。

『V』に登場する宇宙人は侵略が目的です。ただし、このドラマで描かれる宇宙人はすぐに侵略目的だとは分からない、実に巧妙な策略を練って地球の支配を企んでいるという点で、パニック映画とは一線を画し、ドラマならではのストーリー性が活きている作品です。タイトルの「V」とは「Visitor」の頭文字で、作中でも彼らはビジター（地球への訪問者）と呼ばれます。もともとは１９８３年に製作されたテレビドラマで、リメイク版として２００９年から２０１１年にかけてシーズン２まで製作されました。

作中でとくに魅力的なのが、モリーナ・バッカリンという女優さんが演じる宇宙人の代表アナの不思議な美貌です。実に美しいのですが、どこかミステリアスな表情と何か企んでいそうな宇宙人感があります。

ドラマのあらすじは次のような流れになっています。

ある日、地球に飛来した複数の宇宙船が世界の主要な都市の上空に突然現れます。どれも巨大な母船のようで、船は空中で停止すると、底がスクリーンとなってアナの顔が映り、地球人へのメッセージが投影されます。アナは実に友好的に語りかけ、地球人との平和的な交流を謳《うた》います。しかし、ここから秘密裏にアナの地球侵略計画が遂行されていきます。

想像される見た目

ここで、皆さんは宇宙人を具現的にイメージするとき、どんなシルエットを想像しますか。きっとそれは大別すると主に2種類に分かれると思います。もちろんどちらも根拠はないもので、単に人気があるといったほうがいいかもしれません。

1つ日はいわゆるグレイタイプの宇宙人です。小柄で、頭が大きく、目も非常に大きい外見をしているやつです。もともとこのタイプは、アメリカであったとされる宇宙人誘拐事件での証言が由来といわれています。その証言はヒルという夫婦によるもので、彼らは誘拐

（失踪？・）された際の2時間の記憶がなく、のちに催眠療法で思い出すと、そのときの出来事が細部まで一致し、そこで見た宇宙人の外見がまさに小柄でのっぺりとしたグレイタイプだったとのことでした。彼らは、『宇宙誘拐』（角川文庫）という本も出版しています。

もう一方の宇宙人の外見として人気が高いのが、いわゆる爬虫類進化タイプです。古くは爬虫類ではなく、タコ型の宇宙人から発展してきたものです。地球上で異なる外見の生物をヒントに推測してみようということですね。

『V』で描かれている宇宙人も、実はこの爬虫類進化タイプになっています。ただしすぐに爬虫類に似ているとは一見分からない外見をとっています。爬虫類の肌の上に人間と同じ皮膚をまとっているという設定で、最初から真の姿を隠して、人間にとって友好関係を築きやすいようにしています、実に巧妙な侵略手法です。

宇宙人から見える世界

ここでもう少し宇宙人の身体的特徴について考えてみましょう。『V』に登場する宇宙人とは異なるグレイタイプの宇宙人は目が大きいとのことですが、実際にはどんな目を持っていると考えられるのでしょうか。

これを考える上で興味深い映画があります。それは『光の旅人　Ｋ‐ＰＡＸ』です。物語は、失踪中の男に宇宙人が乗り移ることで始まります。少し古い作品ですが、演じているのがケビン・スペイシーという名優で、バナナを皮ごと丸かじりするといった地球人とは思えない奇抜な行動をとるミステリアスな演技が非常にうまく、見どころの多い作品となっています。

映画では、主人公が「私はこと座のベガから来ました」という発言をしたことで、医者が彼の身体を検査します。ですが、身体的な問題は見つからず、唯一おかしかったのは視力だけ。紫外線領域への反応が高く、人間の可視光域とは大きく異なっているようなのです。

その理由は映画ではとくに触れられていませんでした。しかし、私はこの設定が意外にも理にかなっているような気がするのです。少し長くなりますが、順を追って説明しましょう。

まず宇宙には非常に多くの星が存在しており、天の川銀河だけでも２０００億個ほどの星があるといわれています。

そして、星はその寿命の9割が活動的な時期にあたります。１００歳の寿命に例えれば、生まれてから90歳まで現役バリバリの若者のように活動しているというイメージです。この活動期にある星を主系列といい、ここに属する星は大きく分けると7種類ほどに分類できます。つまり、ざっくりといえば、無数の星も大きく7つの種類に分類できるのです。細かい分類の仕方は本筋とずれるので省きますが（詳しい解説は著書『宇宙人と出会う前に読む本』に書いたので、あわせて読んでいただけると、よりしっかりと理解できると思います）、種類によって星の寿命や光の波長域は異なってきます。

例えば、太陽は星のタイプでいうとG型というもので、淡い黄色のイメージがあるかもしれませんが、実際は緑の波長がもっとも強い光になっています。そして、人類を含む哺乳類は光をもっとも吸収するように、この緑の光を中心に可視光域が調整されています。私たちの目の構造は太陽の光に依存して進化してきたのです。私たちが植物の緑色で癒されることもひょっとしたら強い吸収率に関係しているかもしれません。ちなみに植物は、逆に緑の光をあまり使わないので、反射して緑色に見えます。かわりに赤と青の波長の光に強い吸収率を持つように進化してきました。私たちは、彼らと同じ光の異なる色を使う共存関係にあるといえます。

ここで、太陽が別の種類の星と入れ変わったとしましょう。G型の星と同じように寿命が50億年以上の星は他に2種類ほどあります。ただし、それらの星は太陽に比べて温度が低く、X線などの有害な光が強く出ていたり、フレアによる突発的な放射線が発生したりします。

これらを考慮したとき、そこに暮らす生物は私たち人類と同じように緑色の光を中心に進化するでしょうか。私は太陽に依存して地球の生物の目が進化してきたことを考えれば、このような環境で進化をとげた生命は、目の構造もそれに対応したものになるのではないかと思います。例えば、温度が低い星が太陽だった場合、赤外線が可視光域になるような視力になる可能性が考えられます。地球上でもヘビは赤外線を利用して温度を感知していますね。彼らは目ではなく、別の器官で感知しているようですが、太陽が異なれば、そんな視力を持つ生物がいてもおかしくないはずです。この場合、極端なことをいえば、青が可視光域から外れて青色を認識できなくなり、新しい可視光域では黄色あたりが人間の「青色」に対応するので、私たちの色の認識とは大きく変わる可能性があります。同じ信号機を見ても、共通の認識を持つことが難しくなりそうです。

つまり、それぞれの星の種類に依存して感覚器官を進化させてきたと考えれば、『光の旅人　K‐PAX』の設定のように地球外の生命が紫外線を色として見られる視力を持っている可能性も十分あるということです。グレイタイプの宇宙人の目が大きいという特徴も、こういった異なる太陽の性質のせいであると考えると、一定の説得力を持ちます。例えば、G型よりも明るさが弱い太陽の場合、少ない光を集めるために、大きい目を持つ必要があるかもしれないということです。映画『バトルシップ』では、地球に襲来してきた宇宙人が朝日を直視したことで目をやられる描写がありますが、もしかしたら、この宇宙人たちも太陽より数段暗い星が故郷だったのかもしれませんね。

進んだ科学技術と地球侵略のゆくえ

『V』から少しずれてしまいました。話をアナの地球支配に戻しましょう。

最初は実に平和的です。地球に訪れた目的は水とミネラルの供給をしたいだけと話し、一時的な訪問者という立場で世界中の政府と交渉をしていきます。同時に進んだ技術の提供も打診し、やがて健康センターの設置を提案したり、母船の内部を紹介するツアーを実施し始めます。侵略という目的を隠して歩み寄る、実に巧妙な手口ですね。もちろん、魅力的な交渉材料となりえるだけに、彼らの科学技術は本当に進んでおり、とくに医療技術はすさまじいものです。彼らにとって、治らない病気はほとんどないというイメージで描かれています。

他にも人類の発展を軽く凌《りょう》駕《が》する彼らの科学技術の高さを端的に示すものがあります。それはブルーエネルギーという技術です。これは宇宙船の動力となっているらしく、原子力にかわるクリーンな次世代エネルギーとして紹介されています。

もう少しこの技術を詳しく見てみましょう。２つの球体を近づけると、青いプラズマのような光が、あたり一面に放たれます。説明が少ないのではっきりといえないのですが、２つの物質を近づけてエネルギーを得ているように見えることから、想像するに何か反物質のようなものがリアクターとなっているようです。

通常、反物質という反粒子でできたものは、この世にほとんどありません。これと物質が触れると対消滅という現象を起こし、高エネルギーのガンマ線となり消滅してしまうのです。

作品中の映像表現は、まさにこの一番近い科学的説明を表現していたのではないかと思います。この性質を利用してトム・ハンクスが主演を務めた映画『天使と悪魔』では反物質爆弾というものが登場します。確かに、対消滅現象を爆弾のように用いることは原理的にはできそうです。ただ、仮に反物質を大量に生成して爆弾を作るとしたら、その生成だけで10億年もの長い時間がかかってしまいます。反物質爆弾の原理をまともに考えている学者がいるかは聞いたことがありませんが、長時間かかる理由は、それだけ反物質を一から生成することが困難だからです。この世にほとんどない物質なので、それを兵器として扱える量にまで増やすのは、大変な時間と莫大なエネルギーがかかるということです。アナたち宇宙人のような反物質を応用した次世代エネルギー開発を人類が着手するのは、現実的に可能性が低いと思います。

それよりも次世代エネルギーとして現実味があるのが、クリーンな原子力エネルギーといわれる「核融合型原子炉」です。現在、世界で稼働している原子炉は全て核分裂を利用した核分裂型です。これはウランなどの重い元素に中性子をぶつけて、核分裂をさせてエネルギーを取り出すやり方です。しかし、ときにコントロールがきかず、災害や人為的ミスによる放射能汚染というリスクが高いことは、皆さんも数々の世界的事故で知っていることでしょう。一方、核融合型では、基本的に軽い元素である水素を燃料にして、ヘリウムにすることで生じるエネルギーを利用するため、そもそもそのような放射性物質を含んでいません。これは太陽が輝く仕組みと同じで「地上に造る第二の太陽」としても有名です。目下、世界でもこの研究に取り組んでいる最中ですので、実現する未来が待ち遠しいですね。

少し次世代エネルギーの話が広がりましたが、反物質を用いたエネルギー生成装置を人間では作る見通しも立たないからこそ、こうした未来技術を提供されるといわれたら、魅力的に見えてしまうでしょうね。アナはこのアメをうまく使いながら一般人たちの支持を得て、着実に宇宙人の居場所を作っていきます。アメリカ政府もこうした世論の力に押されて宇宙人にビザを発行します。

もちろん、これはアナたちのポーズで、水面下では侵略が進んでいきます。アナたちの最大の目的は地球人との異種交配であり、自分たちの遺伝子と人類の遺伝子を掛け合わせたハイブリッドな種を誕生させて地球の支配を企んでいます。

果たして人類はアナたち宇宙人に征服されてしまうのでしょうか。物語では一枚岩に見えた宇宙人側から地球人に協力する勢力も出てきます。気になったらぜひ、ご自身の目で確かめてみてください。巧妙な宇宙人の侵略を描いている作品だと思うので、いろいろと宇宙人について考えるきっかけになるはずです。

また、ほかにも宇宙人との交流を描いた作品はたくさんあります。ここでは最後に少し変わった作品として映画『第9地区』を紹介したいと思います。

この作品で描かれる宇宙人は社会性昆虫に近く、あまり知能が高くないので、地球に来た目的を聞き出すこともできません。そこで、人類はアフリカのへんぴな場所を隔離地区として宇宙人を居住させますが、コミュニケーションが難しいゆえに軋轢《あつれき》を生んでしまいます。

ここで言いたいことは、宇宙人と出会う場所が地球なのか、第三者の別の惑星なのかで話が大きく異なるということ。お互いにとって中立な場所で会う場合に比べ、どちらかが所有している土地で出会ってしまうと、目的が不明であっても自動的に軋轢や侵略といった争いの火種になってしまうということです。地球での土地をめぐる対立が見事に物語っています。

生命の可能性

今まで2つの宇宙人を題材にしたSF作品を扱ってきました。そうなると、次に気になるのは、現実に私たち以外に知的生命体のいる可能性があるのかということでしょう。

現在、太陽系にはそのような知的生命の兆候がある惑星は地球以外にはありませんが、生命がいる可能性が高い有力な天体としては、火星の地下、木星の月のエウロパ、土星の月のタイタンなどがあります。そこで、その理由を簡単にではありますが、紹介しましょう。

まず、一般に生命を探すというと惑星を探査するイメージがあるかもしれませんが、衛星も十分候補になりえます。エウロパやタイタンなどがまさにそうで、それらの惑星である木星や土星は降りる地面がないただのガスの塊ですが、惑星自体が大きいため、重力によってこれらのまわりを回る衛星、つまりエウロパやタイタンは惑星にも匹敵する大きさを持ち、かつ岩石でできているので地面があるのです。その大きさは太陽系最大の月である木星の衛星ガニメデやタイタンに関しては惑星である水星より大きいです。少なくとも月サイズ程度の岩石惑星であれば環境としては十分なので、他にも月より大きい木星衛星カリストやイオ、さらに月より少し小さいエウロパも生命がいるかもしれない候補地になります。

また、他の天体に生命が存在するかどうか考えるときは、地球で生命が誕生したのと同じ環境がないかと考えるのが普通です。そこでカギになるのが生命の源である「海の存在」。その意味で、火星とエウロパは水があるといういくつかの観測的証拠が見つかっているので、可能性が高いといえます。火星では、地下に豊富な水が氷の状態であると考えられており、地上には、川のあとのような地形も見つかっています。

そのなかでも地下に大量の水や氷の存在する可能性が観測的に高いエウロパは一番の候補天体です。地下に眠る大海は、深さ１００㎞に及ぶともいわれています。地球の海はせいぜい深さ10㎞にも満たないので、その貯蔵量は圧倒的です。しかも、エウロパは木星の巨大な重力の影響を受け、地球の月のように静かな環境とは違い、火山活動やプレートテクトニクスのような地形変化など流動的環境を兼ね備えているので、生命を育むにはより適しているのかもしれません。他にも木星衛星ガニメデの大気には、酸素を多量に含むことが分かっています。酸素というと、植物が存在する証拠であると一見思ってしまいますが、水の熱分解によっても生成するので、ガニメデの大気は植物由来ではありません。それでも酸素が大気成分にあるという天体は、人類のような酸素を必要とする生命にとっては非常に有益な情報です。また内部に流動的な核があり、生命環境にとても重要だと考えられている磁場を持つことも分かっています。

一方、土星の衛星タイタンは、水の代わりとなるもので川や湖のようなものを形成しているのが分かっています。それはメタンやエタンという物質で、地球でいう雨のようにタイタンの地表に降り注いでいると考えられています。さらに、地球は水の循環とともに大気成分としては炭素という物質を循環させていますが、タイタンでは豊富な窒素の大気があるので、これが炭素の代わりとなって窒素循環をしているのではないかと考えられています。窒素を生命活動に利用する窒素固定菌のような微生物は地球にも存在するので、そういった生命がいる可能性は十分にありえますね。

また、ここでは最初から除外して考えていたガス惑星中に生命が本当にいないのかということもまだまだ調査すらできていません。地球の生命誕生とは全く異なるプロセスで生命ができることもありえなくはないことです。地面や海がなくとも、最初から分厚い大気中でなんらかの生命が生まれるなんて今の私たちでは想像もつきませんが、宇宙での発見ではつねにそういった想定を超えたものであふれています。鳥のような生物が、あたかも深海を漂う魚のように、つねに大気中で巡回しながら生きている、そんな世界を妄想してしまいます。

しかし、こうした太陽系に属する惑星や衛星に仮に生命がいたとしてもせいぜい極限生物といった程度で、いわゆる知的生命がいる可能性は低いかもしれません（それでも科学的には、ものすごい発見となるでしょうが）。

では、人類のような知性と文明を持った宇宙人がこの宇宙には存在しないかというと、そうともいい切れません。天の川銀河の星の数を考えると、可能性としては居てもおかしくないでしょう。第９章でも触れたように、１００光年内に統計的には約30個の海を持つ惑星が存在する可能性があります。そこには知的生命まで進化をとげた生命が存在するかもしれません。

ただ、第10章でお話ししたことを思い出してください。星間移動というのは、現在の人類の科学レベルでも数段階レベルの異なる科学技術で実現するのは困難を極めます。とすると、たとえ宇宙人がいたとしても、お互いに交流することはなく、孤独のままであり続けるのではないでしょうか。交流を図るための科学技術を発展させる時間スケールよりも、自身の文明が、戦争などで崩壊する時間のほうが早いのではないかと思うのです。太陽系に人類に対抗しようとする知的生命がいない限り、侵略を目的に飛来する存在はこの先もないような気がします。

オカルトと大槻先生

本章と第11章では、少しオカルトとも関連の深いテーマを扱ってきました。そこで最後は、少し話は変わりますが、オカルトと研究者の不思議な関係についてお話ししたいと思います。UFOや超能力、心霊現象など、こういったものはオカルトと総称されます。日本は1973年の『ノストラダムスの大予言』に始まり、90年代後半まで、オカルトブームがありました。『今を生き抜くための70年代オカルト』（光文社新書）ではこのムーブメントは、無神論と呼ばれる日本人でも、魂の不変性などアミニズム信仰が浸透しており、そういった日本人独特の民族性に起因していると語られています。

当時はこのブームもあり、オカルトをテーマにしたバラエティも多くありました。よく番組で対決する、霊能力者の宜保愛子さんと科学者代表の大槻義彦教授の姿を懐かしく覚えている人も多いのではないでしょうか。

大槻先生は早稲田大学の教授で、実は私が早稲田大学に在籍していたときに、実際に先生の授業を受けていました。独特なカリスマ的な雰囲気があり、緊張感がある授業であったことを覚えています。退官近くの晩年の授業でしたが、それでも大槻先生の授業は他の板書を中心としたものとは全く異なるものでした。

　私が履修していたのは波動についての授業でしたが、先生が先に教えることはほとんどありません。教科書の予習が中心で、とにかく授業中にその予習した知識をもとに発言したり、みんなに説明できたときに、参加点数がつくという変わった方式の授業でした。あれだけテレビ番組に引っ張りだこだったこともあり、実に演出がうまいという印象でした。遅刻には非常に厳しく、一限だったので、毎週寝坊しないようにも気をつけていましたね。

　とくに大槻先生の思い出として印象的なのは、物理学科に入ったときにいわれたオウム真理教の上祐氏の話です。オカルトブームにある意味で便乗した新興宗教であったのが、オウム真理教であり、上祐氏は早稲田大学の学科卒業生でした。大槻先生が口をすっぱく、彼のようになってはいけないと、強く念を押していたのを覚えています。科学者になろうとする優秀な若者が、あっさりと麻原の意のままに操られ、あのようなテロ行為を実行するために協力していったことを見れば、もっともな教訓です。

　もう１つ覚えているのが、「湯川秀樹も最後は、仏教に傾倒していたようで、非常に嘆かわしい」と言っていたことです。それは、オカルトを科学的に否定している先生の立場ならではの発言だと思いました。湯川秀樹が仏教を尊んだ１つの理由に、当時考えられていた原子モデルと、仏教の世界観とに何か共通するものを感じたためといわれています。心情なので、確認しようがありませんが、現代の科学者を見ると、大槻先生のいうような厳格な区別をして科学に携わっている人は少ないのではないでしょうか。とくに理論物理は、着想段階では何かしらの信念や信条が数学的に形になったようなものもあり、一概に切り離すべきものなのか、私には分かりません。当時、大槻先生がいいたかったことは、科学とは個人的信条を超えて、より客観的姿勢を崩さないで臨むべきということだと解釈しています。

そんな私も卒業して研究者となったあるとき、何気なく大槻先生の記事を新聞で見たことがありました。そこには、大槻先生が研究者を志したエピソードが書いてありました。

オカルトを全面から否定し、宜保氏と死闘を繰り広げた大槻先生ですが、なんとその研究の原点は、「火の玉を見たこと」だったということが載っていました。

驚いたと同時に、なかなか深いなぁと感じました。かの有名な物理学者であるファインマン博士は、次のように科学を語っています。

> あなたの目の前で、マジシャンが巧みな所作で魔法を起こすとする。それが本当のものなのか、単なる偽りの詐欺師なのかを、見極めるもの、それが科学というものだ。

出典をど忘れしてしまったので、正確な表現が調べられませんでしたが、全体的な意味はこのような言葉でした。科学という知識は、まさにこのようなオカルトが本当のものかどうかを検証するための指標となるものだといえますね。

おわりに

本書ではＳＦ作品を題材にして、現代の物理学に基づいた、映画や描かれる現象の科学的な背景をできるだけ簡易にお伝えしてきました。本来は文字通り、これらの作品はそもそも科学的ではないことが前提で、学者的に批判すること自体が無意味ですので、極力好意的に解釈して、科学的に実現できる可能性について解説してきました。科学的な解説と呼ぶには、もっと紙面をさいて説明する必要があるものがほとんどなので、あくまで本書は入門的な導入だと捉えてもらえれば幸いです。

それでも、第１部では時間移動にまつわるＳＦ作品を通して、皆さんの時間のイメージが広がったのではないでしょうか。また、第２部ではＳＦ作品を通して、リアルな宇宙環境についてお話ししましたが、宇宙という過酷で特殊な環境を実感することができたのではないでしょうか。

単に映画の設定として受け入れるという姿勢もＳＦ鑑賞では大切かもしれませんが、こういった別の視点を持つことで、また作品の味わい方は変わってくると思います。

例えば、２０２１年には米国防総省が地球で遭遇した未確認飛行物体、いわゆるＵＦＯの存在を公開しました。オカルト的な話題にしか登場しないＵＦＯが、これまで以上に現実味を帯びたニュースでしたね。私も見出しを見て驚きました。もちろんこのニュースと、宇宙人が乗っている、あるいは存在するということは全く別物ですが、このニュースや本書で取り上げました生命が存在する可能性のある候補惑星があることを知っているだけでも、宇宙人が登場するＳＦ作品をよりリアルに感じることができるのではないでしょうか。

ぜひ、皆さんも科学的な知識やこうしたニュースをもとに、ご自身なりの考察を広げてみていただければと思います。

本書では取り上げられなかったこともたくさんあります。ＩＳＳや宇宙船の設計や材料といった工学分野についてはあまり触れませんでしたし、近年は、世界の国々や企業が宇宙進出を目論む動きも活発化していますが、そういったインフラやビジネスといった側面も本書の内容を超えていたので省かせていただきました。ぜひ、興味を持たれた読者の皆様は、他の本を探したり、こういったニュースに耳を傾けていっていただければと思います。より詳しい宇宙人が生きられるであろう環境や宇宙における共通した科学的知識については、ちょうど刊行したばかりの『宇宙人と出会う前に読む本』（講談社ブルーバックス）もありますので、こちらもご覧いただければと願っております。

最後に繰り返しになりますが、単なる娯楽作品としてＳＦ作品を楽しむことはもちろん、一定の科学知識を持って、あらためてその作品を見返すと、あなたなりの新しい解釈や発見につながるはずです。多角的に作品を楽しむための１つのツールとして、こういった科学的視点を持ってＳＦ作品を眺めてみれば、きっと深い味わいが、あなたを待っているはずです。

高水裕一

目次・扉・章タイトルデザイン：熊谷智子
図表：デザイン・プレイス・デマンド

高水裕一（たかみずゆういち）

1980年東京生まれ。早稲田大学理工学部物理学科卒業。早稲田大学大学院博士課程修了、理学博士。東京大学大学院理学系研究科ビッグバンセンター特任研究員、京都大学基礎物理学研究所PD学振特別研究員を経て、2013年より英国ケンブリッジ大学応用数学・理論物理学科理論宇宙論センターに所属し、所長を務めるスティーヴン・ホーキング博士に師事。現在、筑波大学計算科学研究センター研究員を務める。専門は宇宙論。近年は機械学習を用いた医学物理学の研究にも取り組んでいる。著書に『知らなきゃよかった宇宙の話』（主婦の友社）、『時間は逆戻りするのか』『宇宙人と出会う前に読む本』（以上、講談社ブルーバックス）。

物理学者《ぶつりがくしゃ》、SF映画《えいが》にハマる　「時間《じかん》」と「宇宙《うちゅう》」を巡《めぐ》る考察《こうさつ》

2021年10月30日初版１刷発行
2022年１月５日　　３刷発行

著　者 ── 高水裕一
発行者 ── 田邉浩司
装　幀 ── アラン・チャン
印刷所 ── 堀内印刷
製本所 ── 国宝社
発行所 ── 株式会社光文社
東京都文京区音羽1-16-6（〒112-8011）
https://www.kobunsha.com/
電　話 ── 編集部03（5395）8289　書籍販売部03（5395）8116
業務部03（5395）8125
メール ── sinsyo@kobunsha.com

落丁本・乱丁本は業務部へご連絡くだされば、お取替えいたします。
　ISBN 978-4-334-04571-5

1160

大下流国家
「オワコン日本」の現在地

三浦展

経済力の低下、人口縮小、ジェンダー格差、メディアの怠慢……この国はどこまで堕ちてゆくのか？　80万部超のヒット作『下流社会』から16年、最新データを基に再び日本を斬る。

978-4-334-04567-8

1161

名画の生まれるとき
美術の力II

宮下規久朗

人間にとって必要不可欠な「美術の力」とは？　「名画の中の名画」から「美術鑑賞と美術館」「描かれたモチーフ」「信仰と政治」「死と鎮魂」まで。美術史家と読む、美術の本質に迫る55話。

978-4-334-04568-5

1162

野蛮な大学論

酒井敏

大学人よ、学問の本道に戻って野蛮さを取り戻せ！　「京大変人講座」主宰の京大名物教授が、大学、アカデミズム、教養の本質をズバリ指摘する。豊かな社会のための大学改革論。

978-4-334-04569-2

1163

「問い」から始まる哲学入門

景山洋平

2600年にわたる哲学者の語りあい。そこでは何が問われたのか。なぜ「問い」続けてきたのか――。「問い」の歴史とその意味を知る、不確かな世界を生き抜くための哲学入門。

978-4-334-04570-8

1164

物理学者、SF映画にハマる
「時間」と「宇宙」を巡る考察

高水裕一

フィクションが未来の科学を導く!?　タイムトラベルから星間飛行まで、物理学者とともに探る一度は夢見たSF世界の可能性。科学の目で見直せば、SF映画はもっと楽しくなる！

978-4-334-04571-5